国家出版基金项目
NATIONAL PUBLICATION FOUNDATION

中国卷

世界灌溉工程遗产研究丛书

谭徐明　总主编

李云鹏　编著

砥柱卧龙栖　斥卤成良田

木兰陂

长江出版社
CHANGJIANG PRESS

总序

在世界广袤的大地上，分布着丰富且类型多样的人类文明，古代灌溉工程就是其中之一。直到今天，还有相当数量的古代灌溉工程在持续地为人们提供着生活、灌溉和生态供水服务。现存的古代灌溉工程历经长久考验，没有成为西风残照的废墟，也没有成为书籍中刻板的回忆，而是以与自然融为一体的形态存在，并成为兼具工程价值、科学价值和文化价值的人类文明奇迹。

2014 年，国际灌溉排水委员会（ICID）开始在世界范围内评选收录灌溉工程遗产，旨在挖掘、保护、利用和宣传具有历史意义的灌溉工程所蕴含的自然哲理、科学思想、文化价值和实用价值。从 2014 年至 2020 年，经由中国国家灌排委员会推荐和国际评委会评审，我国有安徽的芍陂、四川的都江堰等二十处具有历史意义的灌溉工程入选世界灌溉工程遗产名录。由此，古老而丰富的中国灌溉工程遗产向世界又开启了一个了解和认识中国文明史的新窗口，让更多的人走进中国悠久而辉煌的水利史，探索这些工程中蕴藏的人与自然和谐相处的理念和古代贤人因势利导的治水智慧和方略。

粮食充裕则天下稳定，人民安居乐业，而灌溉工程正是在洪涝干旱灾害频发的自然环境下保障粮食丰收的关键所在。中国是灌溉文明古国，历朝历代从一国之君到州县官员无不重农桑兴水利，并确立了从中央到民间权、责、利相互结合的灌溉管理制度。农耕文明下的这些灌溉工程及其管理制度和道德约束，为水利发展注入了民族精神，并在历史的长河中衍生出独特的文化和记忆，使得现存的古代灌溉工程在这一独特的文化滋养下世代相传、经久不衰。每一处灌溉工程遗产都是人与自然和谐相处和可持续发展活生生的实证。

中国 5000 年的农耕文明史中，因水资源禀赋和自然环境差异而建造出类型丰富、数量众多的灌溉工程。留存下来的古代灌溉工程得以延续至今，往往缘于这一灌溉工程在规划、选址、选型、建设和管理上的可持续性，随着科技和社会的发展，其功能和效益仍在扩展中。如安徽寿县的芍陂，是我国历史最悠久的大型陂塘蓄水灌溉工程，它始建于战国时期最强盛的楚国，历经 2600 多年后，至今仍灌溉着 67 万亩农田，并成为今天淠史杭灌区的反调节水库。再如有 2270 多年历史的四川都江堰，是世界上年代最久远、仍在发挥作用的无坝引水灌溉工程。留存至今的古代灌溉工程堪称人与自然和谐相处的典范，是可持续发展的活样板。

抛弃历史的前进，终究是无本之木，善于继承方能更好创新发展。在我们拥有先进科学技术的当代，从灌溉工程遗产中汲取经过历史检验的科学理念、智慧和经验，把现代科学技术与经过历史检验的思想和理念相结合，有助于更好地设计和建造人水和谐与可持续发展的灌溉工程。灌溉工程遗产也是重要的文化传承，在灌区现代化建设的过程中应该同时加强对灌溉工程遗产和灌溉文明的保护，让中华大地上美轮美奂的古代灌溉工程和丰富多彩的灌溉文化依然充满生命力，让历史文化在流水潺潺的水渠、在生机勃勃的田野得到永恒延续发展，为我国灌溉文化的生命传承和建设现代化生态灌区注入不竭的动力。

中国水利水电科学研究院原总工程师
2011—2014 年国际灌溉排水委员会第 22 届主席

2023 年 8 月于北京玉渊潭

木兰陂

目　录

世界灌溉工程遗产研究丛书

中国卷

导　言

　　木兰陂始建于北宋时期（公元 11 世纪），是中国古代东南沿海拒咸蓄淡的代表性水利工程。作为工程核心的木兰陂拦河闸坝，至今仍基本保留宋代原貌。这套由拒咸蓄淡的拦河枢纽、遍布沿海平原的渠系网络、挡潮护地的南北洋海堤、沿海沿溪众多挡潮排涝控制工程及灌区内部水网上的调控工程共同组成的体系完备、功能全面的引水灌溉和围田合二为一的因地制宜的传统灌溉工程体系，至今仍保障着约 15 万亩良田的灌溉排水安全。它开启了福建沿海兴化平原农业经济快速发展的进程，塑造了木兰溪下游南北洋的水系与城乡格局，在中国古代水利科学技术、水利文化方面具有重要代表性和历史地位。

　　2014 年，木兰陂被国际灌溉排水委员会列入首批世界灌溉工程遗产名录。

第一章　工程背景

　　木兰陂水利工程所在的莆田市，古称"兴化"，又称"莆阳""莆仙"，位于福建省沿海中部，地处北纬 24°59′—25°46′，东经 118°27′—119°56′ 之间，陆域面积 4200 平方千米，海域面积 1.1 万平方千米，陆地平均海拔 9.6 米，现辖一县四区两个管委会（仙游县、荔城区、城厢区、涵江区、秀屿区、湄洲岛管委会、湄洲湾北岸管委会），主要粮食作物为水稻，同时盛产龙眼、荔枝、枇杷、蜜柚（又称"文旦柚"）等经济作物，是闽中重要的政治、经济、文化中心。"莆田"原意为长满蒲草的滩涂，而宋代以木兰陂为核心的水利工程体系的修建，正式开启了兴化平原农业开发和社会经济文化快速发展的历史进程。

第一节　自然地理环境

　　木兰陂地处莆田市城厢区，木兰溪与兴化湾海潮汇流处，渠系在木兰溪冲积三角洲（称作"兴化平原"或"南北洋平原"）上形成水网。这里土地肥沃，水资源丰富。木兰陂及南北洋海堤修建之前，这里受海潮内侵影响剧烈，农业环境、人居条件、生态景观较差，控制性水利工程的建设改变了这一局面，由此开启了区域快速发展的历史进程。

一、地形地貌及地质条件

木兰陂所在的木兰溪位于福建省东部沿海，受地势影响，整体为西北—东南流向，横贯莆田全境。境内有纵横交织的山脉、连绵起伏的丘陵、错综其间的河谷沟渠。上游西北部为丘陵山区，最高海拔1267米；中部为木兰溪流域中下游冲积平原与海积平原，地势起伏舒缓，河渠密布；东南部多为海拔50米以下的沿海岛屿与丘陵台地，地势低平，港湾环抱。著名的兴化平原即属于福建东南沿海低山丘陵区。莆田全市土地面积约3800平方千米，地质构造属浙闽活化陆台，基底由变质岩系组成，盖层广泛分布着中生代火山岩系和花岗岩。地表组成物质除基岩外，均为成土母质，有残积、坡积、风积等5种类型。

兴化平原是福建省第三大平原，其东濒兴化湾，西抵九华山，南达燕山期花岗丘陵边缘，北至囊山南麓，面积约464平方千米。本区最大河流木兰溪，迂回于平原中部，至三江口注入兴化湾。平原的中央部分俗称南北洋，海拔约5至7米。平原内河汊密布，沟渠纵横，地势由西、南、北三面向木兰溪口缓缓倾斜。该平原是莆田市的人口稠密区和主要粮果区。

兴化平原形成的主要动力有构造运动、海面升降、河流作用和人为因素等。

从平原内地层情况可知，本区在晚更新世以前，长期处于上升剥蚀状态，至晚更新世晚期转为下降后才开始接受沉积。可见，平原内的第四纪沉积在很大程度上受控于地壳的升降运动。

其次，晚更新世以来，全球气候仍发生过多次幅度不等的冷、暖变化，海平面也随之多次升降。现有的国内外大量研究资料都表明：在一万五千年前，全球海平面比今天低 100 米左右。随着最后一次冰期的结束，气候迅速转暖，海平面也急剧上升，从而发生了全球性的冰后期海侵，兴化平原自然也不可避免受到其强烈影响。区内广泛分布的全新世海相沉积层，说明在全新世的大部分时间里，本区处于被海水占据的环境。至于区内的松散沉积层，绝大部分是冰后期海侵时堆积下来的。因此可以说，兴化平原的基底是全新世海积平原。

第三，木兰溪作为本区的最大河流，在兴化平原的营造过程中起了很大的作用，为其提供了丰富的陆源碎屑物质。在本区地壳转为下降，而海水未能到达平原区时，河流首先把其携带的物质堆积在平原底部，所堆积的砂砾石层厚达 5 米。另外，全新世海侵期间的沉积物也主要来自木兰溪。按现在木兰溪的年平均含沙量为 0.281 千克/立方米，年径流量 9.61 亿吨，年输沙量达 2.7 万吨，那么在全新世约 1.2 万年中，其搬运物质可达 30 多亿吨。

人为活动是兴化平原形成最重要的因素。根据相关史志资料记载，先民早在唐贞观年间（公元 627—649 年）就开始对淤出的沼泽地进行围垦。到宋代时，随着人力物力的充实，围垦造田的规模越来越大，从而基本上结束了本区海岸线自然发展的时代。如唐朝所建诸堤塘都还集中在平原与周围山地、丘陵相交接的附近地带，而到宋朝时，堤塘已扩建到平原中部今宁海桥一带。堤坝和海塘的修筑都可以使围内淤高增速，围外淤积加快。人类活动的影响显然大大促进了平原的快速扩展。20 世纪 50 年代到 80 年代，20 多年间平原向海扩展了 300—400 米（见图 1-1）。

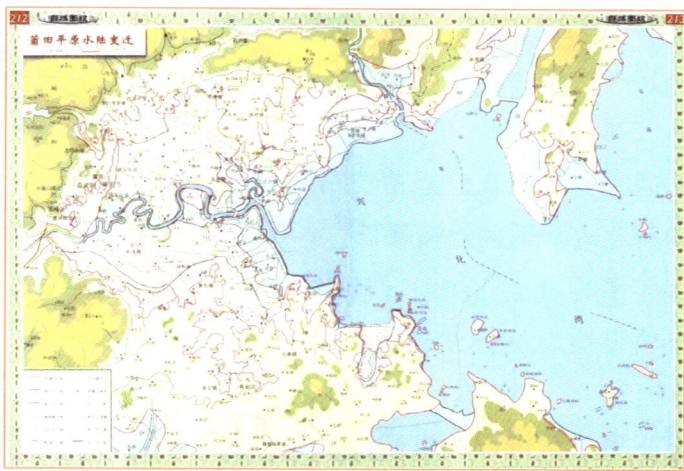

图 1-1　兴化平原海岸线变迁 （来源：《福建省历史地图集》）

二、气候水文及水系水资源

莆田市地处北回归线北侧边缘，东濒海洋，属典型的亚热带海洋性季风气候。受其影响，莆田市冬季无严寒，冰雪少见；夏季无酷暑，风雨常遇；秋季天高云淡，气温适中；春季冷暖空气交织，阴雨连绵。

雨量充沛、气候湿润是莆田市气候的一大特点。全市各地年平均降水量在 1000 毫米至 2000 毫米之间，自西北山区向东南沿海递减。东南部沿海为 1000 毫米至 1200 毫米，中部平原为 1200 毫米至 1500 毫米，西北部山区为 1500 毫米至 2000 毫米。另外，降水季节分配不平衡。一般情况下，春雨季（3—4 月）降水量约为 250 毫米至 300 毫米，占年降水量的 20%，雨日多、雨量少、强度弱；梅雨季（5—6 月）降水量约为 300 毫米至 600 毫米，占年降水量的 32% 至 34%，雨区广、雨量多、强度大、雨时长且稳定少变；台风季（7—9 月）降雨量约为 270 毫米至 700 毫米，占

年降水量的 32% 至 36%，雨量多、强度大，容易造成洪涝灾害；少雨季（10—次年 2 月）降雨量约为 150 毫米至 300 毫米，占年降水量的 10% 至 20%。

温度适宜、日照充足是莆田市气候的另一大特点。气温由东南沿海向西北内陆山区逐渐降低，各地年平均气温在 16℃ ~ 21℃ 之间，多年平均气温 20.6℃。日照时间从山区至沿海逐步增多，年日照时数平均为 1995.9 小时，年均日照率为 45%，无霜期年平均达 316 天至 350 天之间。

季风明显是莆田市气候的又一大特点。全境常见的大风有两种：一种是由北方冷空气南下引起的东北大风，风力一般约 6 级至 8 级，最大达 10 级以上；另一种是台风或热带风暴侵袭引起的大风，风力一般约 9 级至 12 级，最大达 12 级以上，多发生在每年的 7 月中旬至 9 月下旬。

这里水系极其发达。境内主要河流有木兰溪及其支流延寿溪、仙水溪、龙华溪、大济溪、柴桥头溪，以及萩芦溪、枫慈溪、沧溪和永泰县大樟溪的支流粗溪、九溪等。

其中，木兰溪为本市最大河流，也是全省八条主要河流之一。其发源于德化县戴云山支脉的笔架山，入仙游县西苑乡仙西村黄坑桥头，横贯全市中、南部，主河道自西北向东南流经仙游度尾、大济、鲤城、盖尾等地，随后进入莆田城厢区的华亭，后迂回于兴化平原，至三江口注入兴化湾。木兰溪多年平均径流量 15.52 亿立方米，干流长 105 千米，流域面积 1732 平方千米，占全市土地面积 45.8%。上段在仙游县境内，长 63 千米，控制流域面积 1017 平方千米；下段在城厢区、涵江区境内，长 42 千米，控制流域面积 715 平方千米。几条重要支流：延寿溪，发源于仙游县钟山乡，河长 51 千米，流域面积 386 平方千米；仙水溪，河长 29 千米，流域面积 176 平方千米；龙华溪，河长 26 千米，流域面积 113 平方千米；大济溪，河长 24 千米，流域面积 76.7 平方千米；柴桥头溪，河长 20 千米，流域面积 85.4 平方千米。

同时，水资源相对贫乏。据相关统计，莆田市多年平均水资源总量为 37.15 亿立方米，占全省水资源总量的 3.17%，其中境内 35.985 亿立方米，境外（即客水）1.165 亿立方米。由于莆田市河流多属山区性河流，地表土层薄，河床切割深，河道比降大，地下水以河道排泄为主，河川径流量包括了山丘区的全部和平原区的大部分浅层地下水，而且平原地下水盐离子含量大，不宜饮用和灌溉，故水资源总量中已包括浅层地下水。全市每平方千米产水量为 97.8 万立方米，略高于全省 96.23 万立方米，为全国 28.13 万立方米的 3.47 倍。但人均占有水资源量只有 1362 立方米，是全省人均水资源量的三分之一，是全国人均水资源量的二分之一。此外，水资源在地区分布上也丰缺不均。北部山区 14 个乡镇人均占有水资源量 6840 立方米，高于全省、全国水平，为丰水区，其中西北山区仙游县的 8 个乡镇，每平方千米产水量达 125 万立方米，人均占有水资源量 1.03 万立方米，高于世界水平；中部平原、丘陵 20 多个乡镇人均占有水资源量 924 立方米，为补水区；东南部沿海丘陵 9 个乡镇人均占有水资源量仅 680 立方米，为缺水区；湄洲、南日两海岛人均占有水资源量只有 455 立方米，属严重缺水区。

三、生态条件与水旱灾害

在建木兰陂之前，木兰溪下游及南北洋生态环境可谓"斥卤千里"，不长禾苗。建陂及海堤之后，生态环境得到改善，农业开始大规模开发。

据 1980 年第二次土壤普查，莆田市境内成土母质较复杂，主要有九大类，分别为红壤、水稻土、砖红壤、黄壤、海滨盐土、海滨风沙土、紫色土、草甸土和新成土。不同的土壤类型，为发展多种农作物及果、竹、林、茶、药材、牧草等提供了良好条件。其中，红壤最为广泛，多分布于从莆田江口大帽山向西延伸到仙游屏隆山一线以南的沿海台地及岛屿，占土壤总面积的 64.1%；其次为水稻土，是境内主要的耕作土壤，主要分布在兴化平原，仙游东、西乡平原，沿海、河谷平原和山间盆地及低丘梯田中，占 16.4%；砖红壤分布于海拔 200 米以下的沿海和中部低丘台地，占 8.9%；黄壤主要分布在北部中山地带，占 6.0%；其余土壤类型占比较小。

莆田市境内植被有维管束植物资源 215 科、1403 种（包括变种），其中蕨类植物 24 科、50 种，裸子植物 34 科、94 种，被子植物 157 科、1259 种，此外还有苔藓、藻类、真菌类等低等植物。另一方面，境内自然植被群落结构简单，一般为乔木、灌木、草三层，林下灌木常见有黄瑞木、桃金娘、楷木、石斑木等，分布于莆田西天尾经城厢区、渠桥、灵川一线以西的半山区，基本为中、幼龄马尾松疏林，其间有一部分低山丘陵灌丛草坡。按照自然植被和经济作物分布特征，全市人类活动密集区域可划分为三种类型：一是东西乡南北洋平原荔枝、甘蔗、黄麻、水稻植被段，该段地势平坦开阔，土壤肥沃，人口稠密，自然植被已基本上为人工植被所取代；二是中部丘陵松林、龙眼、枇杷、柑橘、水稻植被段，该段大部分为低山、高丘，地势较高，气温比东西乡、南北洋平原略低，湿度较大，尚保留部分自然植被，为中、幼龄马尾松疏林；三是南部半岛、海岛台地木麻黄、相思树、花生、甘薯植被区。

　　莆田市的自然灾害主要是水、旱灾，其次是风灾，历史上境内水、旱灾害频繁发生，对农业生产的发展影响极大。水灾多发生在梅雨季节和台风活动期，每年4月下旬至6月下旬的梅雨季节，阴雨连绵，时有水患；由台风带来的暴雨常常造成严重的洪涝灾害。除暴雨成灾外，台风侵袭时强劲的风力沿海常达10—12级，对农作物、房屋、树木、船只、海堤等有很大破坏性；在大潮期间风助潮势，有时发生海啸。但台风带来的暴雨可解除有些年份严重的夏旱。台风频繁活动在7—9月，早台风可出现在5月，10月以后的晚台风对莆田市一般影响不大。每年登陆或影响莆田市的台风常有3至5个。

　　旱灾的发生具有明显季节性，最常见的是夏旱，其次是秋旱或春旱，冬旱较少见。夏旱势头猛，范围大，为害最剧。大旱年往往百日无雨，如夏秋旱或秋冬旱。春旱也常与上一个枯水季节雨量稀少有关。如1954年大旱，就是从夏、秋旱开始，旱情一直延续至1955年4月。因此，木兰陂等水利工程对区域农业经济发展有重要支撑作用。

第二节　社会经济背景

　　木兰陂所在的兴化平原历史悠久，唐代以后北方人口的大量南迁促进了区域内的经济开发和人口增长，宋代木兰陂水利工程体系的建设为区域快速发展奠定了坚实的水资源、水环境基础。

一、政区沿革与人口演变

唐代之后人口大量南迁，南方农业快速发展，兴化平原逐渐开发，人口快速增长。

（一）政区沿革

南北朝以前，莆田无县及县以上建制。按地域，莆田夏、商时期属扬州，西周时属七闽地，春秋时属越国，战国时属百越。秦时属闽中郡，《史记·秦始皇本纪》载："（始皇帝）二十五年，王翦遂定荆江南地；降越君，置会稽郡（秦所置之会稽兼有江南、两浙及闽、粤）。"① 次年，析会稽而置闽中郡（今福建及广州之潮州地）。② 西汉初年属闽越国，《史记·东越列传》载："汉五年，复立无诸为闽越王，王闽中故地，都东冶。"③ 后因闽越王屡次反叛汉朝，汉武帝于元封元年（公元前 110 年）出兵灭东越，并在闽越故都冶（也称东冶）设立东部侯官，由东部督尉继续派兵入闽镇守，此时莆田属会稽郡。后因地域广阔，分会稽为东、南二部都尉，以南部都尉领之。至建安元年（公元 196 年），又以南部置建安、南平、汉兴、侯官等县，莆属侯官县。④

三国时期孙吴势力经略闽中，于永安三年（公元 260 年）罢南部都尉，设立建安郡，此时莆田地属建安郡。晋灭吴后，分建安郡而立晋安郡，《宋书·州郡志》载："太康三年，分建安立（晋

---

① ［汉］司马迁撰：《史记》卷六《秦始皇本纪》，北京：中华书局，1959 年，第 234 页。

② ［唐］房玄龄等撰：《晋书》卷一四《地理志》，北京：中华书局，1974 年，第 406 页。

③ ［汉］司马迁撰：《史记》卷一一四《东越列传》，第 2979 页。

④ 林汀水：《再谈两汉未置冶与东冶二县》，《历史地理》2014 年第 1 期。

安郡），领县五：侯官、原丰、罗江、晋安、温麻。"[1]晋时莆田属晋安郡侯官县。

南北朝时期，刘宋改晋安郡为晋平郡，南齐又改回晋安郡。[2]南梁天监中（公元502—519年），分晋安县为南安郡，治晋安。[3]此时，莆田地属南安郡。南陈永定元年（公元557年）升为闽州，后改为丰州（今福州），辖建安、南安、晋安三郡，此时莆田又属南安郡。[4]

《隋书·地理志》载："南安旧曰晋安，置南安郡。平陈，郡废，县改名焉；又置莆田县，寻废入焉。"[5]可见，莆田县始置于隋平陈之时，即隋开皇九年（公元589年），这是莆田正式置县的开始。随后莆田县名被废，重新划入南安县，地属建安郡（隋开皇九年改丰州为泉州，大业初年复为闽州，大业三年又改为建安郡，辖闽、建安、南安、龙溪四县）。

至唐武德五年（公元622年），分南安县复置莆田县，属丰州（今泉州）。唐圣历二年（公元699年），将泉州之莆田县划归武荣州。次年武荣州废，莆田仍属泉州。[6]五代十国时期，十国之一的

---

①［南朝梁］沈约撰：《宋书》卷三六《州郡志·晋安太守》，北京：中华书局，1974年，第1902—1903页。

②［清］徐文范撰：《东晋南北朝舆地表》卷七，载二十五史刊行委员会编《二十五史补编》第5册，上海：开明书店，1937年，第7024页。

③［明］黄仲昭修纂：《八闽通志》（修订版）卷一《地理·建置改革》，福州：福建人民出版社，2006年，第13页。

④石有纪修，张琴纂：《民国莆田县志》卷四《舆地志》，载《中国地方志集成·福建府县志辑》第16册，上海：上海书店出版社，2012年，第142页。

⑤［唐］魏徵等撰：《隋书》卷三一《地理志》，北京：中华书局，1973年，第879页。

⑥［后晋］刘昫等撰：《旧唐书》卷四〇《地理志》，北京：中华书局，1975年，第1599页。

闽国灭亡后，后汉乾祐二年（公元949年）原泉州指挥使留从效被南唐授为清源军节度使，此时莆田地属清源军所辖。[①] 至宋乾德二年（公元964年）又将清源军改为平海军，授陈洪进为节度使，莆田属之。[②]

宋太平兴国四年（公元979年），于泉州游洋镇置兴化县，并从平海军中划莆田、仙游二县建太平军，旋即改名为兴化军。太平兴国八年（公元983年），军治移到莆田县城内，宋末改为兴安州。[③]

元至元十四年（公元1277年）改为兴化路，领司一（录事司）县三（莆田、仙游、兴化）。[④] 此时莆田地属兴化路所辖。次年，设福建行中书省，兴化路属之。元皇庆二年（公元1313年），兴化县治由游洋迁至广业里湘溪（今莆田新县镇）。元至正二十七年（公元1367年），福州参政文殊海牙开城降明，兴化路亦纳款归明。

明洪武元年（公元1368年），复改为兴化府，属福建布政司，仍领三县。明正统十三年（公元1448年），以其地辟民稀，革兴化县西南乡地入莆田，西北乡地入仙游，至此兴化府辖莆田、仙游二县。[⑤] 清沿明制，兴化府建制不变，仍辖莆田、仙游两县，隶属福建省闽海道。

民国二年（公元1913年），裁撤兴化府，莆田县隶属于福建

---

① 二十五史刊行委员会编：《二十五史补编》第6册《五代诸镇年表》，第7701页。
② 二十五史刊行委员会编：《二十五史补编》第6册《五代诸镇年表》，第7702页。
③ 莆田县地方志编纂委员会编：《莆田县志》，北京：中华书局，1994年，第67页。
④ ［明］宋濂等撰：《元史》卷六二《地理志》，北京：中华书局，1976年，第1505页。
⑤ ［明］黄仲昭修纂：《八闽通志》（修订本）卷一《地理·建置沿革》，第26页。

省南路道。后废道，直属福建省。①1949 年 8 月，莆田、仙游两县相继解放。自 1950 年至 1970 年 5 月，莆田县隶属于晋江专区。1970 年 6 月又划归闽侯专区。1983 年 11 月正式成立莆田市。② 截至 2018 年，莆田市辖一县四区两个管委会，分别为仙游县、荔城区、城厢区、涵江区、秀屿区、湄洲岛管委会和湄洲湾北岸管委会。莆田历代政区沿革整理如下表 1-1。

表 1-1　　　　　　　　　　莆田市历代政区沿革表

历史年代	公元纪年	隶属
夏、商	公元前 21 世纪—前 11 世纪	扬州
西周	公元前 1046—前 771 年	七闽地
春秋	公元前 770—前 476 年	越国
战国	公元前 475—前 221 年	百越
秦	公元前 221—前 207 年	闽中郡
西汉高祖五年	公元前 198 年	闽越国
西汉元封元年	公元前 110 年	会稽郡
东汉建安元年	公元 196 年	南部都尉侯官县
三国吴永安三年	公元 260 年	建安郡
西晋太康三年	公元 282 年	晋安郡侯官县
刘宋	公元 420—479 年	晋平郡
南齐	公元 479—502 年	晋安郡
南梁天监年间	公元 502—519 年	江州南安郡
南陈永定元年	公元 557 年	闽州南安郡
隋开皇九年	公元 589 年	始置莆田县，属泉州（今福州）
隋大业三年	公元 607 年	建安郡南安县

---

① 石有纪修，张琴纂：《民国莆田县志》卷四《舆地志》，第 143 页。

② 莆田市地方志编纂委员会编：《莆田市志》卷一《建置》，北京：方志出版社，2001 年，第 124—125 页。

历史年代	公元纪年	隶属
唐武德五年	公元 622 年	丰州（今泉州）
唐圣历二年	公元 699 年	武荣州
后汉乾祐二年	公元 949 年	清源军
宋乾德二年	公元 964 年	平海军
宋太平兴国四年	公元 979 年	太平军（后改称兴化军）
宋太平兴国八年	公元 983 年	兴化军（军治移至莆田县城，宋末改为兴安州）
元至元十四年	公元 1277 年	兴化路（辖莆田、仙游、兴化、录事司）
明洪武元年	公元 1368 年	兴化府（辖莆田、仙游、兴化）
明正统十三年	公元 1448 年	兴化府（辖莆田、仙游）
清朝	公元 1616—1911 年	兴化府（辖莆田、仙游）
民国二年	公元 1913 年	撤兴化府，直属福建省
中华人民共和国	公元 1950 年	晋江专区
	公元 1970 年	闽侯专区
	公元 1983 年	正式设立莆田市

（二）人口发展

早在五六千年之前，福建境内就有人从事生产活动，他们就是后来被称为闽越族的土著居民。他们多依山傍水，居住在山区及半山区一带，从事狩猎、耕作等活动。

周显王三十五年（公元前 334 年），越国被楚国所灭，其宗室四分五裂，部分越国贵族逃入闽地。战国末年，其中的一支无诸在此建立闽越国，莆田即属闽越国。

秦统一后，又置闽中郡。汉初，复立闽越国，后因闽越王屡次反叛，汉武帝派遣大将朱买臣挥师南下征讨。平叛之后，部分中原将士就此定居，这便是中原汉人来莆定居的开始。

　　两晋之际，中原士族大批南迁。《资治通鉴》载："时海内大乱，独江南差安，中国士民避乱者多南渡江。"①《闽书》亦载："晋永嘉二年，中州板荡，衣冠始入闽者八族，所谓林、黄、陈、郑、詹、丘、何、胡是也。"②所以有"衣冠南渡，八姓入闽"的说法。

　　初唐至盛唐，封建生产方式的改进极大地促进了福建经济的开发。《文献通考》载："闽、浙之盛，自唐而始，且独为东南之望。然则亦古所未有也。"③唐初至中后期，中原人有两次南迁。第一次在唐垂拱二年（公元 686 年），陈政、陈元光父子奉命征讨泉州、漳州的"啸乱"和"蛮獠"，后因军事失利，朝廷再次从中原征调一万人入闽，战争结束后，唐军就地入籍。第二次在"安史之乱"后，唐王朝由盛转衰，中原流亡者甚多。如光州固始人宋易出任福建观察推官，其孙宋骈也随之入闽，寓居莆田。

　　唐末黄巢起义之后，中原地区再一次陷入动乱，中原人被迫再次南迁。《莆田县志》载："唐王审知由固始入闽为节度使，封王。"唐僖宗中和四年（公元 884 年），屯田员外郎吴祭携族随王审知入闽居莆田北隅灵岩山下，后再徙居黄石水南之沈浦。又有吴兴为避"则天乱政"，入闽经商，卜居莆田城西华岩山下（今九华山陈岩下洋西村）。另据仙游史料记载，黄巢起义军入闽之后，因水土不服，将士多病，其部有随军家属流入仙游定居，其大多来自河南固始、河间、颍水等地。

---

①［宋］司马光编著：《资治通鉴》卷八七《晋纪九》，北京：中华书局，1956 年，第 2766 页。

②［明］何乔远撰：《闽书》卷一五二《蓄德志·福州府》，福州：福建人民出版社，1995 年，第 4487 页。

③［元］马端临撰：《文献通考》卷一一《户口考二》，北京：中华书局，1986 年，第 118 页。

至两宋之际，中原再一次大规模南迁，其中有迁入莆田者。如宝珠孙记的《古濑叶氏族谱》云："至宋，卜居光州固始，若祖有叶炎会者，随宋南渡，卜家仙游之古濑。"北宋太平兴国四年（公元979年），正式设置兴化军，辖兴化、莆田、仙游三县，地域面积大致与今日之莆田辖区面积相当。据统计，北宋太平兴国年间（公元976—983年）兴化军总户数63157、总人口数148647；北宋元丰年间（公元1078—1085年）总户数55237、总人口数约110000；北宋崇宁元年（公元1102年）总户数63157、总人口数125000。至南宋绍熙年间（公元1190—1194年），兴化军总户数72368、总人口数171784。[①]

有宋一代莆田人口持涨，原因大概有以下三点：第一，连续200年间福建境内没有严重战争破坏，"邦民皓首不知兵革，以故生齿繁毓"[②]。第二，宋嘉祐三年（公元1058年）废除了自五代以来强加给福建人民的繁重赋税。第三，南宋政权南渡后，为开辟新的财政来源，在东南沿海各港口鼓励提倡海外贸易。《宋会要辑稿》载："市舶之利最厚，若措置合宜，所得动以百万计。"[③]因此，经济得到活跃，人口得以兴旺。

元代重武轻文，人口统计资料少为搜集，留存无多，人口动态研究较难稽考。据民国《福建通志》载，元代兴化路人口数约为353054人。由此可知，莆田地区人口呈现继续上升的态势，这

①人口数据皆引自莆田市地方志编纂委员会编：《莆田市志》卷三《人口》，第224页。以下不再另注。

②［宋］梁克家修纂：《三山志》卷一〇《版籍类一·户口》，福州市地方志编纂委员会整理，福州：海风出版社，2000年，第126页。

③［清］徐松辑：《宋会要辑稿》第7册《职官四四》，刘琳等校点，上海：上海古籍出版社，2014年，第4213页。

可能与南宋末年元军攻陷南宋都城临安，大批皇室、士大夫及百姓入闽寻找避难场所有关。

从明永乐八年（公元 1410 年）至嘉靖四十年（公元 1561 年）152 年间，倭寇祸害兴化达 16 次，造成人口锐减。仅嘉靖四十一年（公元 1562 年）十一月倭寇陷兴化城时，群众被杀就多达 3 万人。清乾隆《兴化府莆田县志》载：

> 莆在明朝划为四厢三十一里，二百九十四图，每图一十户。至嘉靖时里图之存者一百七十四，户减八百九十，口减二万二千九百六十一。①

明朝中期之后，政治日趋腐败，对百姓的各种剥削也日益加深，愈益实行苛赋政策，赋税也愈益不均，贫富差距日益显著，加剧了社会贫困化，也严重抑制了人口再生产。如：

> 条目烦琐，愚民不知其云何。②
> 吏皂如虎，抑索沓至，故有米石丁一而费至数十金者。③
> 杂供私馈，名目百出，一纸下征，刻不容缓，加以吏皂抑索其间，里甲动至破产。④
> ……

类似相关对老百姓穷极榨取的记载实在太多。至明万历四十年

---

①［清］宫兆麟等修，［清］廖必琦等纂：乾隆《兴化府莆田县志》卷一《舆地志》，莆田市荔城区地方志编纂委员会点校，北京：方志出版社，2017 年，第 8 页。

②［清］顾炎武撰：《天下郡国利病书·福建备录》，黄坤、顾宏义校点，上海：上海古籍出版社，2012 年，第 3043 页。

③［清］顾炎武撰：《天下郡国利病书·福建备录》，第 3001 页。

④［清］顾炎武撰：《天下郡国利病书·福建备录》，第 3052 页。

（公元1612年），兴化府人口仅剩159434人。

明末清初，兴化府人口继续下降。郑成功在福建沿海地区坚持反清斗争长达38年之久。一方面，郑成功在福建地区尤其是闽南地区募集军民20多万人前往台湾；另一方面，清王朝统治者为了制止民众参与反清复明斗争，实施"迁界"政策，于"顺治十八年迁沿海居民，以垣为界，三十里以外悉墟其地"[①]。其中莆田县自壶公山麓沿天马山侧至三江口东北，建筑界墙。全县弃地九里图，田园荒芜4330顷；仙游沿海居民因"迁界"造成农田、宅地荒芜81顷。至清顺治十八年（公元1661年），兴化府人口仅剩103348人，较明万历四十年（公元1612年）统计减少56088人。清康熙二十六年（公元1687年）台湾统一后，"截界"宣布废除，内迁时幸存人口多数返回故里，重新建造家园。自此人民生活相对稳定，莆田地区人口出现高度增长。至清道光九年（公元1829年），兴化府总户数109089户，总人口数562172人，较明末清初人口出现显著增加。清朝末年至民国年间，由于政治黑暗腐败、军阀混战等造成的长期破坏性影响，经济一蹶不振，物价飞涨，人民生活艰难，人口规模不断萎缩。

此外，造成人口减少的原因还有：首先，福建省像其他沿海省份（广东、广西）一样，大批青壮年男子被迫成为出洋苦力。据统计，自1886年至1949年福建省出国人口数达400万之多，其中必有从莆田、仙游等县因讨生计被迫出洋当苦力的农民，这成为人口大量减少的原因之一。其次，疫病流行，死亡者众。由于旧社会卫生条件极端落后，不但本省原有的疟疾、天花、麻风、

---

① ［清］周学曾等纂修：《晋江县志》卷五《海防志》，福州：福建人民出版社，1990年，第36页。

血吸虫、霍乱等疾病暴虐为患，而且五口通商之后一些外来的烈性病也随之传来，造成人口大量死亡。其中鼠疫、霍乱造成的危害最为显著。《当代福建卫生》载：

> 1884 年鼠疫就从香港传入厦门，当时称"香港症"。一旦传入又无有力的防治，疫情逐年蔓延，波及全省 84% 的县市，病死率高达 88.3%，累计死亡人数达 71 万多人。[1]

此外，抗战胜利之后，国民党挑起内战，壮丁需求量日益增加，实行户口与壮丁调查合并办理统计数字。民国三十四年（公元 1945 年），莆田、仙游二县人口总数约为 950324 人，呈现下降现象，比民国二十九年（公元 1940 年）减少 53245 人，至民国三十六年（公元 1947 年）人口再次降至 932789 人，八年间共减少 7 万多人。

中华人民共和国成立后，随着社会进步与经济发展，境内人口呈现直线上升状态。1950 年至 1958 年，出现新中国成立后第一个人口增长高峰，莆、仙两县人口从 1950 年的 105.5 万增加至 133.95 万人。1959 年至 1962 年，为我国经济暂时困难时期，人口出现负增长，1962 年较 1959 年减少 1.74 万人。1963 年至 1971 年，出现第二个人口生育高峰，1962 年之后，随着国民经济好转，补偿性生育来势很猛，人口出生率上升；1963 年，莆、仙二县人口为 151.64 万人，出生率达到 43.36‰。1972 年至 1980 年，盲目性生育逐步得到扭转，人口增长由高到低过渡，1979 年莆、仙两县人口为 218.80 万人，1980 年达 220.96 万人。1981 年至 1991 年，

---

[1] 福建省卫生厅：《当代福建卫生（1949—1986）》，福建省卫生厅出版，1988 年，第 9、12 页。

人口出生进入稳中有降的阶段，年平均人口增长率为 19.49‰。截至 2015 年末，全市常住人口 287 万，比 2010 年增加 10 万人。"十二五"时期，年平均人口出生率 12.32‰，年均自然增长率 6.2‰，低于全省平均水平，但高于全国平均水平。

福建地方历代户数的正式记载最早见于《晋书》，为晋太康三年（公元 282 年）置建安郡所辖七县的户数统计。从晋太康三年至北宋太平兴国四年（公元 979 年）置兴化军，这一期间莆田地区没有作为单独行政机构而有准确的户数统计。自北宋置兴化军，辖莆田、兴化、仙游三县，其面积与今日莆田市辖区大致相等，这种行政区划一直延续到清朝末年。民国时期去"府"这一级别的行政区划，实行省、县二级行政区划，情况大致相似。鉴于此，将莆田地区历代人口总数分以下三个阶段分别做统计表：西晋太康至唐元和莆田隶属地区户口数（见表 1-2）、宋至清代兴化府（军、路）人口情况表（见表 1-3）、民国时期莆仙两县人口统计表（见表 1-4）。

表 1-2　　　　　　　西晋太康至唐元和莆田隶属地区户口数

年代	辖区	户数（户）	人口数（人）
西晋太康（公元 280—289 年）	晋安郡	8600	无
南朝宋（公元 420—479 年）	晋安郡	2843	19838
隋大业三年（公元 607 年）	建安郡	12420	75000
唐开元（公元 713—741 年）	泉州	50754	约 270000
唐天宝（公元 742—755 年）	泉州（清源郡）	23808	160295
唐建中（公元 780—783 年）	泉州（清源郡）	24586	154009
唐元和（公元 806—820 年）	泉州	33541	约 200000

注：数据来源于陈景盛的《福建历代人口论考》。

表 1-3 宋至清代兴化府（军、路）人口情况表

年代	户数（户）	人口数（人）
宋太平兴国年间（公元 976—983 年）	63157	148647
宋元丰年间（公元 1078—1085 年）	55237	约 110000
宋绍熙年间（公元 1190—1194 年）	72368	171784
元至元十四年（公元 1277 年）	67739	352524
明洪武二十四年（公元 1391 年）	64241	人口数无考
明景泰三年（公元 1452 年）	40319	197413
明弘治五年（公元 1492 年）	29010	180035
明嘉靖四十一年（公元 1562 年）	33326	153520
明万历四十年（公元 1612 年）	34377	159434
清顺治十八年（公元 1661 年）		103348
清康熙五十年（公元 1711 年）		112842
清道光九年（公元 1829 年）	109089	562172
清宣统三年（公元 1911 年）	122261	685069

注：数据来源于《重刊兴化府志之十》、福建省档案馆编写的《民国福建省各省市（区）户口资料统计资料》一书附录和陈景盛的《福建历代人口论考》。

表 1-4 民国时期莆仙两县人口统计表

年份	户数（户）	总人数（人）			资料统计时间
		总计	男	女	
1937	169629	949786	487511	462275	1937
1938	145592	994892	507003	487889	1938.12
1939	145529	994812	507521	487291	1939.12
1940	127085	1053569	559914	493655	1940.12
1941	135418	959573	471851	487722	1941.12
1942	143896	974513	486780	487733	1942
1943	136197	974032	481908	492124	1943
1944	194080	958790	478627	480163	1944.9

年份	户数（户）	总人数（人）			资料统计时间
		总计	男	女	
1945	185085	950324	473649	476675	
1946	184575	943940	470687	473253	1946.6
1947	185387	931360	459352	472008	1947.12
1948	186013	931121	459216	471905	1948.1
1949	186172	932789	459486	473303	1949.1

注：资料来源于《民国福建各县市（区）户口资料》。

  总体而言，福建地区的移民情况以宋代作为分界线，前期以人口移入为主，后期以人口移出为主，福建整体的开发与人口移入有密切关系。最早迁移至闽地的多为活动在会稽郡（约相当于今浙江省）的越人，他们入闽后与土著结合，史称"闽越人"。汉魏之际，在孙吴政权的统治下，人口逐渐增多，并在闽北分设建安、汉兴、建平、南平四县，在福州设置侯官县。西晋"八王之乱"时，北方黄河流域战乱不已，人民流离失所，于是掀起了中国历史上第一次大规模人口南迁的高潮。

  唐中叶以降的"安史之乱"以及唐末农民大起义，继之又是五代更替，军阀混战，战火纷飞，整个北方黄河流域成为各方势力角逐的大战场，掀起了中国历史上第二次大规模人口南迁浪潮，大量北方人口迁移到长江流域，其中部分人向福建迁移。五代十国时期，王审知治理下的闽国，实行保境安民政策，发展经济文化，与北方的混乱无序形成鲜明对比，北方士大夫被吸引前来闽定居。据学者统计，"盛唐时期，福建已经有了9万多户。宋代初年，福建人口上升到 46 万户，主要是在唐末五代实现的"[①]。

北宋时，福建地域长期安定，经济发展迅速，成为全国经济文化先进地区之一。北宋末年的靖康之变后，金兵南下，战火延烧至江南，北方人口再次大规模南徙，江、浙、赣难民又大批入闽避难，福建人口因而急增。至此，福建由地广人稀逐渐变为地狭人稠之地，人口开始向广东、浙南各地移徙，因而福建成为南北移民的一个重要中转地。由于福建省内地理环境的差异，移民的情况在不同时期、不同区域也各有差异。从移民的路线来看，有陆路和水路两种方式。由于移民的动因多是北方战乱，被迫南迁，因而最初移入福建的北方人士多集中于闽西北和福州一带，闽北的开发较闽南相对为早。随着唐中叶以来人口的再一次大量移入，以泉州为代表的闽东闽南沿海一带逐渐成为移民的集中点。从唐代开始，泉州的人口密度居福建首位，占据绝对的优势，而莆田正处于泉州的辖区内。大概正基于此，北宋太平兴国四年（公元 979 年），莆田、仙游二县从泉州划出，新置兴化军辖之。由此，兴化军的户密度超过泉州府跃居全省第一。宋以后，兴化军一直是福建人口密度较高的地区。为了满足日益增长的人口需要，加快兴化平原滩涂的开发，将大量蒲草丛生的滩涂变为良田沃土就势在必行了。而实现这个目标的重要手段，就是兴修水利。

二、社会经济发展

莆田地区的社会经济快速发展是从唐宋时期开始的，而水利工程的建设则是其主要支撑条件。

---

① 徐晓望：《论隋唐五代福建的开发及其文化特征的形成》，《东南学术》2003年第 5 期。

（一）唐代之前

秦汉时期，莆田属于闽越国管辖，农业经济极其落后。《史记》记载："楚越之地，地广人稀，饭稻羹鱼，或火耕而水耨，果隋蠃蛤，不待贾而足，地埶饶食，无饥馑之患，以故呰窳偷生，无积聚而多贫。"[①]西汉时期，闽中的畲族"只望青山，刀耕火种，自给自足"，农耕方式极其落后。宋代莆籍诗人刘克庄《漳州谕畲》中载："畲民不悦（役），畲田不税，其来久矣。"[②]这说明当时莆田境内农耕方式极为落后，统治阶级对"畲民"颇有照顾，不征税，不朝贡。

三国时期吴政权统治闽中期间，实行轻薄徭役、劝课农桑的政策，莆田境内刀耕火种的原始农业开始向封建农业生产方式转变。永嘉之乱时，中原遭到战争破坏，北方士族为了躲避战乱，大量开始南迁，既带来了先进的生产工具，又为莆田农业开发提供了新的劳动力。

南北朝是莆田农业发展的重要时期。此时，社会动荡，政权频繁更迭，北方经济遭到严重破坏，而地处南方的闽中政局则相对稳定，农业开始快速发展。特别是"三长制""均田制""租庸调制"等土地政策，使每个农民都能得到一定的土地，这极大地调动了农民的生产积极性，对闽中农业经济发展起到了一定的积极影响。

（二）唐代发展

莆田农业经济经历了汉、晋、隋几个朝代的缓慢发展，境内农耕条件有了很大的改善。进入唐代之后，莆田境内开始大规模

---

① ［汉］司马迁撰：《史记》卷一二九《货殖列传》，第 3270 页。
② ［宋］刘克庄撰：《后村先生大全集》卷九三《漳州谕畲》，王容贵、向以鲜校点，成都：四川大学出版社，2008 年，第 1008 页。

的农业开发。一方面，外来移民带来了北方先进的耕作技术，使得境内劳动生产率和粮食产量得以提高；另一方面，北方大量移民的涌入，使得莆田境内人口大量增加，生存压力日趋增大，也使得大量的荒地、荒山、荒滩得到了开发，境内修建了大量的水利工程，农业生产规模迅速扩大，从而带动了莆田经济社会的快速发展，使得原本"下田下赋"的穷乡僻壤迅速发展为经济发达的"望县"。

1. 大兴水利设施建设，解决农田灌溉问题

史载，"（莆田）有地矣，无水不足以耕，莆负山而濒海，高者山至崔嵬，卑者弥望斥卤，不可种艺。智者相地形为陂塘，使水有所蓄，以弥补地形之缺"[①]。隋唐之前，莆田境内农业基础设施非常薄弱，农民基本上是靠天吃饭，农业产量极不稳定。因此，自唐贞观年间（公元627—649年）开始，境内修筑了众多的蓄水塘。《新唐书·地理志》载：

> （莆田）西一里有诸泉塘，南五里有沥浔塘，西南二里有永丰塘，南二十里有横塘，东北四十里有颉洋塘，东南二十里有国清塘，溉田总千二百顷。[②]

除大规模修筑蓄水塘，当地百姓还筑陂修堰，引水灌溉。其中最著名的当属吴兴在唐建中年间（公元780—783年）修建的延寿陂，《八闽通志》载：

---

① 朱维幹著：《莆田县简志》，莆田市荔城区地方志编纂委员会整理，北京：方志出版社，2005年，第26—27页。

② ［宋］欧阳修、宋祁撰：《新唐书》卷四一《地理志》，北京：中华书局，1975年，第1065页。

（吴）兴始塍海为田，筑长堤于渡塘，遏大流南入沙塘坂，酾为巨沟者三……折巨沟为股沟五十有九，广一丈二尺，或一丈五尺，并深□丈，横经直贯，所以蓄水也。即陂之口，别为二派：曰长生港，曰儿戏陂。濒海之地，环为六十泄，所以杀水也。其利几及莆田之半。[①]

唐代延寿陂的修建，既解决了莆田北洋大片农田的灌溉问题，又有防洪减灾的作用，同时也客观上促进了农村经济的发展，为莆田商业发展奠定了基础。

2. 围海造田，促进农业开发

唐代，随着莆田平原和沿海地区人口的不断增多，人口生存压力日渐增大，因此一场大规模的围海造田运动展开了。其中最著名的是吴兴组织百姓修建的延寿陂，围海造田达 2000 多亩，成为当时境内规模最大的农业开发工程。继吴兴之后，福建观察使裴次元于唐元和八年（公元 813 年）率众在莆田水南红泉界（今黄石地区）筑堰储水，垦田 322 顷，岁收数万斛，以赡军储。所倡修的镇海堤，为把饱受海水侵灌的壶公洋开发成南洋平原作出了卓越的贡献。《兴化府志》载："自唐长官吴兴筑海堤，以开北洋之利，及唐观察使裴次元筑海为堤，以开南洋之利，于是人始得平土而居之。"[②]唐末，王审之主政闽中时，出台了一系列劝课农桑、围海造田的优惠政策，这促进了莆田境内围海造田运动的持续发展。至五代十国时，沿海几十万亩滩涂已经开发为良田，

---

① ［明］黄仲昭修纂：《八闽通志》（修订本）卷二四《食货·水利》，第 678 页。

② ［明］周瑛、黄仲昭著：《重刊兴化府志》卷五三《工纪二·水利志上》，蔡金耀点校，福建：福建人民出版社，2007 年，第 1372 页。

即福建四大平原之一——兴化平原。经过唐代的长期农业开发，沿海两万多顷滩涂变为了良田，为莆田经济发展和商业兴起奠定了丰富的物质基础。

3. 经济作物大量栽培，农产品加工业迅速崛起

莆田地处中国东南沿海，属于亚热带海洋性季风气候，温差较小，雨量充沛，适合种植多种经济作物。自唐代开始，境内开始大量种植荔枝、龙眼、茶叶、甘蔗等农业经济作物，种类日益增多，产量不断提高，既促进了莆田农业经济的发展，又为商业经济的兴起奠定了物质基础。

莆田荔枝在唐代之前，知名度并不高。由于莆田地处偏僻，交通不便，农产品流通十分困难，莆田荔枝很少用于易货贸易。进入中唐之后，随着北方大量移民南迁，闽中荔枝需求量不断增加。据蔡襄《荔枝谱》载，莆田有一棵种植于唐天宝年间（公元742—755年）的古荔枝，名为"宋家香"：

> 宋公荔枝，树极高大，实如陈紫而小，甘美无异，或云陈紫种出。宋氏世传，其树已三百岁。旧属王氏，黄巢兵过，欲斧薪之，王氏媪抱树号泣，求与树偕死。贼怜之，遂不伐。[①]

唐天宝年间，每年从南方驿运大量新鲜荔枝进京，这从客观上也促进了南方荔枝的栽培。此时泉州、福州等地也发现了莆田荔枝的优良特性，开始大量征购新鲜荔枝，从而客观上促进了莆田荔枝种植面积的扩大。唐安史之乱、黄巢起义造成大批文人墨客入闽避祸，其中便有相关记载。如韩偓有诗曰："遐方不许贡

①［宋］蔡襄撰：《荔枝谱》（外十四种），福州：福建人民出版社，2004年，第7页。

珍奇，密诏唯教进荔枝。"①可见，唐末莆田荔枝已经成为宫中贡品，深受喜爱。

莆田境内大多为低山丘陵地区，适宜茶树生长。境内茶树栽培起源于隋朝，《福建兴化文献》载：

> 闽中兴化府城外郑氏宅，有茶两株，香美甲天下，虽武夷岩茶不及也。所产无几，邻近有茶十八株，味甘美，合二十株。有司先时使人谨伺之，烘焙如法，籍其数以竞贡。②

可见，在隋唐时期，莆、仙二县的茶叶就已经成为朝廷贡品，也是易货贸易的重要农产品。唐代，境内最著名的茶叶当属"龟山茶叶"，多种古代文献对其都有记载，如《八闽通志》载："龟洋山产茶为莆之最。"③《兴化府志》载："莆诸山产茶，龟山第一，柯山第二。"④可以说，龟山茶叶代表着唐代莆田茶树栽培和茶叶加工技术的最高水平。唐代，境内除龟山茶园，还有石梯茶园、西天尾林山茶园等。《八闽通志》载："石梯山峻峭如梯，其上最宜茶。莆之茶，龟山为上，石梯次之。"⑤同时，仙游境内也有多个茶园，如圣泉茶园、凤山茶园、剑山茶园、林山茶园等。唐代莆田境内大规模的茶园开发，促进了茶叶加工业的发展，带动了莆田茶叶贸易的发展。

---

① ［唐］韩渥撰，［清］吴汝纶评：《吴评韩翰林集·荔枝三首》，载《关中丛书》（第5集），陕西通志馆铅印本，1936年，第28页。
② 林国梁主编：《福建兴化文献》，台北市场莆仙同乡会出版，1978年，第382页。
③ ［明］黄仲昭修纂：《八闽通志》（修订本）卷一一《地理·山川》，第297页。
④ 莆田县地方志编纂委员会编：《莆田县志》，第183页。
⑤ ［明］黄仲昭修纂：《八闽通志》（修订本）卷一一《地理·山川》，第295页。

（三）宋代大兴水利

宋代大规模兴修水利，引进种植甘薯、花生等经济作物，促进第二、第三产业的发展。

1. 土地管理制度转变与赋税政策改革

唐以前，中国历代统治者都采取"授田制"。宋代统治者采取"田制不立""不抑兼并"，即承认并保护土地私有产权的合法性，促进土地商品化，允许土地流转与买卖，国家不干预地主的土地买卖，同时还规定：凡新垦土地一律不征税。这使得大量的荒山、荒地、荒滩得到开发，耕地面积不断扩大，农村经济迅速发展。除了土地管理制度的转变之外，宋代的赋税政策也有较大变化。朝廷的田赋法令规定：各地方政府按土地数量和质量向土地所有者收税，每年夏、秋各收一次。特别是宋熙宁四年（公元 1071 年）八月司农寺制定颁布《方田均税条约》，分为"方田"与"均税"两个部分。"方田"是每年九月由知县举行土地丈量，按土壤肥瘠不同定为五等，按等级纳税；"均税"是以"方田"丈量的结果为依据，制定税率。如仙游县实行"方田均税法"之后，田赋总量增加了，但农民人均田赋却有所减轻。可见，北宋经济的快速发展与土地管理制度转变和赋税政策改革是分不开的。

2. 兴化平原农田水利的大规模建设

宋代兴化境内人口剧增，人多地少矛盾日渐凸显，社会矛盾开始出现。为了缓解人口对土地资源的压力，兴化军鼓励百姓垦荒种植，围海造田，扩大耕地面积。宋熙宁二年（公元 1069 年），宋廷颁布《农田水利法》，从而掀起了一场农田水利建设高潮。自太平兴国二年（公元 977 年）至元丰六年（公元 1083 年）的107 年间，莆田百姓先后在木兰、延寿、萩芦三大溪中建木兰陂、南安陂、泗华陂（即使华陂）和太平陂四大陂，受益面积 10 多万亩。《仙游县志》载："境内水利设施，宋代有了较大发展，全县共有陂坝 651 座，初步解决了农田用水。"[1] 莆田县境内陂、坝、塘、埭等水利设施更多，共有 886 座。

宋代兴化军大规模的水利设施建设，使境内沟渠纵横交错，形成了水陆交通网络，既保障了农田水利灌溉，又兼有生产生活用水、航运交通、水产养殖等综合效益。特别是兴化平原的沟渠，为广大民众运送粮食、肥料、庄稼收成等提供了极大的便利。同时，兴化商人利用四通八达的水渠进行货物运输，开展商业活动，取得了良好的经济效益。

3. 经济作物种植与农产品加工业发展

兴化境内最早用于交换的农产品，主要是蔗糖、龙眼、荔枝、茶叶等，但这些农产品有一定的季节局限性，存贮时间极短。于是，农产品深加工行业便出现了。如荔枝树种植与荔枝干的加工，蔡襄《荔枝谱》载：

> （荔枝）闽中唯四郡有之，福州最多，而兴化最为奇特……兴化军风俗，园池胜地，唯种荔枝。当其熟时，虽有他果，不复见省。尤重"陈紫"，富室大家，岁或不尝，虽别品千计，不为满意。[2]

虽然兴化荔枝果鲜肉嫩，味道甜美，但是苦于无法储存，极易腐烂变质。到宋代，兴化干果加工技术取得了重大突破。据《荔

---

[1] 仙游县地方志编纂委员会编：《仙游县志》，北京：方志出版社，1995 年，第 261 页。

[2] ［宋］蔡襄撰：《荔枝谱》（外十四种），第 4 页。

枝谱》载，兴化荔枝加工工艺有"红盐""蜜煎""暴晒"三种，"红盐之法，民间以盐梅卤浸佛桑花为红浆，投荔枝渍之，曝干，色红而甘酸，可三四年不虫"；暴晒法，即"白晒者正尔，烈日干之，以核坚为止，畜之瓮中，密封百日，谓之出汗。去汗耐久，不然逾岁坏矣"；而蜜煎法，"剥生荔枝，榨去其浆，然后蜜煮之"或"用晒及半干者为煎，色黄白而味美可爱"。[①]可见，北宋时期兴化百姓的荔枝干加工技术比较成熟，从而为大面积种植荔枝创造了条件。又如龙眼树栽培与桂圆干加工：荔枝摘过，龙眼始熟，故曰"荔奴"，俗称桂圆。进入宋代以后，兴化桂圆干烘焙技术更加成熟。据记载，兴化龙眼"入焙出舶""曝干寄远"，形成一整套桂圆烘焙工艺。在宋代，兴化桂圆干不仅大量销往江浙和两淮地区，同时还通过海运销往高丽、越南、琉球半岛等地，成为宋代兴化对外贸易的重要物资。总之，宋代兴化农业经济发展迅速，经济作物大面积种植，除了甘蔗、荔枝、龙眼、茶叶之外，还有枇杷、香蕉、杧果、文旦柚、桃子、李子等水果。特别是农产品加工技术的提高，为兴化经济作物种植和农业经济发展开辟了广阔前景，也为兴化商业经济发展奠定了物质基础。

（四）元代发展

元代统治者入主中原之后，为了巩固政权和笼络人心，颁布了一系列有利于促进农业发展的法令。如中统二年（公元1261年）朝廷颁布"流民复业者免税一年、次年减半""若有勤务农桑及开荒之人，本处官吏并不得添加差发"；[②]至元二十一年（公元1284年）又"命司农司立屯田法，募人开耕，免其六年租税并一

---

① ［宋］蔡襄撰：《荔枝谱》（外十四种），第6页。
② 朱维幹著：《福建史稿》，福州：福建人民出版社，1985年，第388页。

切杂役"；地方政府不仅从牛、种、农具、衣、粮食等方面资助农民垦荒，还从赋税差役上优待垦荒农民，"官授之卷，俾为永业，三年后征租"。在元代积极的垦荒政策之下，兴化农民的垦荒种植积极性逐渐被调动起来，农民收益甚至比商人好，出现了"坐贾行商，不如开荒"的少有现象。元延祐元年（公元1314年），兴化境内出现了百年不遇的旱灾，泗华溪缺少水源，北洋农田缺水歉收，兴化总管郭朵儿组织民众修筑沟渠20余里，自木兰陂引水环郡东北与延寿溪汇合，灌溉北洋田万余亩，并在陂头北端修筑"万金陡门"，引木兰溪水往北，使得木兰、泗华两水交汇。同时，还在陂头树立《水则》，规定南北洋平原"七三分水"原则，即南洋用总水量七成，北洋为三成。延祐二年（公元1315年），新任兴化总管张仲仪又通沟渠使得木兰溪与延寿溪汇合，延寿陂水渠与太平陂水渠相连，使兴化境内三大溪流并网，既扩大了数万亩农田灌溉，又沟通了南北洋，互通舟楫，便利运输，为兴化农村经济发展创造了条件。同时元朝还引进西瓜、棉花、花卉等多个农作物新品种，并在境内大量种植，使其成为农民经济收入的主要来源。其次，畜牧业和渔业也有较大发展，水产品日益丰富，百姓收入增加。

（五）明代

明代兴化境内倭寇祸乱、兵乱、洪涝灾害等天灾人祸频繁发生，但农村经济仍然在曲折中发展。一方面，兴化政府多次组织百姓对宋元两朝修建的水利设施进行全面维修加固，进一步发挥了水利基础设施的效益，为兴化农业发展奠定了基础；另一方面，明代兴化农耕技术有了较大提高，农作物品种得到改良，产品类型日益丰富，为兴化经济社会发展奠定了物质条件。

1. 水利设施建设

唐宋时期兴化境内修建的大量塘、陂、堰、渠等水利设施，经过几百年的运行，已经逐渐老化、损坏。明初 60 多年间，兴化府曾 3 次组织对木兰陂进行重修。明代中期，兴化府又组织百姓对水利设施进行维修加固，提高其利用率。如天顺年间（公元 1457—1464 年），进士郑球在兴化县广业里雇工筑陂垦田，人称"郑雇陂"；天顺二年（公元 1458 年），兴化参政方逵重修泗华陂；成化二年（公元 1466 年），郡守岳正主持修复江口桥，又自塘东开沟引水直至涵口（今渠桥乡港利村），灌溉城东南大片良田；正德八年（公元 1513 年），明经进士仙游人陈应乾主持重修仙游榜头的杜陂渠；万历二十二年（公元 1594 年），刑部郎中仙游人郑瑞星主持修筑杜陂上游一段 16 里长的陂渠，俗称"官陂"。这些农业水利基础设施的修复、重建，大大提高了水利设施的利用率，为兴化农村经济发展奠定了基础。

2. 农耕技术进步

明代兴化农业耕种技术的进步，一方面表现在农业生产工具的改进方面，又表现于农作物品种的改良方面。据《仙游县志》载，明天顺年间（公元 1457—1464 年），进士郑球在广东任教谕时，绘制水车图、教农民制造水车引水灌田，还大力推广轮耕技术。[①]轮耕技术的采用，既保持了土地肥力，又促进了粮食产量的稳定增长。

3. 农作物新品种的引进

明代兴化府引进了多种经济作物，如花生、番薯、菌草、玉

---

① 仙游县地方志编纂委员会编：《仙游县志》，第 154 页。

蜀黍、杜果等。据《莆田县志》载，花生原名"落花生"，明代末年传入莆田后，成为全县主要油料作物，各乡镇都有种植，以沿海乡镇为多，平原次之，山区少量。[①] 在农作物新品种引进中具有重大意义的是甘薯，又称番薯、地瓜，它是兴化沿海农民主要粮食之一。甘薯是一种旱地农作物，可以在旱地大面积种植，对兴化农村经济发展起到了积极作用。除了上述农作物新品种之外，明代兴化还引进了柑橘、杜果、余甘、黄梅、葡萄等水果品种。这些进口经济作物适应性强，经济效益好，在山区、平原、河边、沟旁，甚至房前屋后都能种植，既增加了农民收入，又促进了兴化商业经济的发展。

（六）清代

清初的"截界迁民"和海禁政策，导致兴化沿海近 50 万亩农田沦为荒地，大批地主破产，众多田主在战乱中死亡或失踪。复界之后，出现了大量无主农田和荒废农田。针对这一情况，兴化府出台了"招垦"和"更名田"的土地政策，"察明原产，给还原主"，还把无主农田划给有能力的农民和归降的郑军士兵耕种。清代积极的土地政策，对兴化沿海农田复耕起到了积极的促进作用。

此外，清代兴化境内农耕技术也有了较大的进步。清初，兴化百姓普遍采用水车、溪车、流车等水利工具灌溉，实现了旱涝保收。尤其是水碓的普遍使用，大大提高了劳动生产率。《古今图书集成》载："凡水碓，山国之人居滨河者之所为也。功稻之法，

---

① 莆田县地方志编纂委员会编：《莆田县志》，第 178 页。

省人力十倍。"①

清初，兴化境内普遍使用有机肥，如人粪、畜粪、花生饼等。同时，兴化百姓还"取草复以泥，状如墩，以灯火焚之"，制成草木灰，既清除了农田中的杂草，又可以作为肥料，这是清代农业施肥技术的重大突破。清末，外国肥田粉大量输入，兴化境内开始使用化肥，粮食产量进一步提高，为兴化商贸发展奠定了物质基础。

清代兴化农业经济作物种植面积继续扩大。如境内花生种植非常普遍，花生油取代了其他油料，成为兴化百姓的主要食用油。随着花生种植面积的不断扩大，花生油加工业快速发展。与此同时，境内荔枝的种植出现倒退，龙眼种植面积反而迅速扩大。这实际上得益于果农的嫁接技术，屈大均《广东新语》载：

> 闽之龙眼树，三接者为顶圆，核种十五年始实，实小不可食，则锯木之半，以大实之幼枝接之，至四五年，又锯其半，接如前，如此者三数次，其实满溢，倍于常种。②

兴化龙眼经过三次嫁接之后，品种得到了改良。除了甘蔗、龙眼、荔枝、烟草等经济作物外，还引进马铃薯、香木瓜、凤梨、番石榴、香蕉等多种农作物新品种，不但改善了农作物种植结构，而且丰富了农产品种类，增加了农产品产量，为兴化商业经济发展和对外贸易扩大奠定了物质基础。

---

① [清]陈梦雷编：《古今图书集成·草木典》卷二六《稻部》，北京：中华书局，1934年，第21页。

② [清]屈大均撰：《广东新语》卷二五《木语·荔枝》，北京：中华书局，1997年，第624页。

（七）近现代

民国时期，国民政府虽然有"平均地权，土地国有"的规定，但未能实施。抗战时期，莆田县自耕农、半自耕农、佃农分别占农户数的 53.3%、31.6%、14.9%，仙游县分别占 42.4%、27.9%、29.7%。①

中华人民共和国成立后，人民政府进行土地改革，生产关系发生重大变革，后又逐步组织互助合作社，合理调剂和配置农业生产要素，农业获得持续发展。同时，政府重视农田基本建设，从 50 年代中期开始，当地进行了大规模的农田水利建设、开荒造田、改造低产田运动。1958—1960 年期间，东圳水库和古洋水库得以修建。1979 年后，为贯彻"调整、改革、整顿、提高"八字方针，当地开始调整农业内部产业结构，农林牧副业得到协调发展。至 2008 年，全区已陆续兴建四座上规模的集中式自来水厂和几百处小型集中式供水工程。全区耕地面积 2.16 万公顷，农作物总播种面积 2.54 万公顷，农林牧渔业总产值 42.01 亿元，其中农业总产值 3.57 亿元。

第三节　历史文化背景

宋代王安石变法带来的农田水利建设高潮，蔡京对木兰陂建设的贡献，以及李宏、冯智日的积极参与都反映了当时普修水利的社会氛围。以木兰陂为核心的水利工程的修建和运营，对区域的文化产生了深远影响。

---

① 莆田市地方志编纂委员会编：《莆田市志》卷一五《经济综述》，第 951 页。

一、王安石变法

王安石变法时期，曾设置条例司作为中央调控各地的核心主管部门，全权负责各项法案的颁行与实施，并负有督促和管理地方按规定执行的责任。《农田利害条约》出台后，"条例司奏遣刘彝等八人行天下，相视农田水利，又下诸路转运司各条上利害，又诏诸路各置相度农田水利官"①，以加强中央对地方水利建设的监管。各路设专门的水利官，也提高了水利建设的科学性。

此外，地方农田水利法实行按验制度和差官察访制度，以保证水利工程的规划、兴修、竣工等过程都处于政府的监控之中。按验制度从源头上把关，避免农田水利工程的伪滥；察访制度监督农田水利工程的实施，保证质量。以木兰陂工程为例，前两次兴建并没有官府的参与，第三次是在熙丰时期（公元 1068—1085 年）。政府统一把控农田水利，并诏请水利专家李宏赴莆建陂。工程遇到资金、劳力不足等问题时，政府号召莆田富家大姓出资出力。在木兰陂工程即将完工时，知军詹时升察验木兰陂后，上请中央赐予水利功臣不科田。这既是政府的奖励手法，也是政府对水利管理的重要体现。

熙宁二年（公元 1069 年）十一月，朝廷将《农田利害条约》诏颁诸路：

> 凡有能知土地所宜种植之法，及修复陂湖河港，或元无陂塘、圩埠、堤堰、沟洫而可以创修，或水利可及众而为人所擅有，或田去河港不远，为地界所隔，可以均济流通者；县有废

---

① [元]脱脱等撰：《宋史》卷九五《河渠志》，北京：中华书局，1977 年，第 2367 页。

田旷土，可纠合兴修，大川沟渎浅塞荒秽，合行浚导，及陂塘堰堨可以取水灌溉，若废坏可兴治者：各述所见，编为图籍，上之有司。其土田迫大川，数经水害，或地势污下，雨潦所钟，要在修筑圩埠、堤防之类，以障水涝，或疏导沟洫、畎浍，以泄积水。县不能办，州为遣官，事关数州，具奏取旨。民修水利，许贷常平钱谷给用。[1]

其内容可以总结为三点：其一，各地必须调查好土地的性质，若能通过水利而改善的应当创建或修缮，将水利方案上报官府得到采纳的将得到相应的奖赏；其二，水利工程涉及范围较大、以一县之力不能完成的，可以上报州府，涉及数州的，可以上报朝廷进行解决；其三，民间自行修建水利的，可由政府出贷，解决资金问题。可见，《农田利害条约》调动了全国各地各阶层的社会人群的劳力、智力、财力以及领导、组织、管理等方面的力量，使全国投入建设水利的热潮当中。

《宋会要辑稿·食货》记载有熙宁三年至九年（公元1070—1076年）全国水利田的数字及灌溉田亩数：

自熙宁三年至九年终，府界、诸路水田一万七百九十三处，共三十六万一千一百七十八顷八十八亩，官地一千九百一十五顷三十亩。[2]

这一时期主要的水利工程类型有引水灌溉型的工程，分布在以开封为中心的黄河流域，也作为治理黄河溃堤的配套工程；有圩田

---

① ［元］脱脱等撰：《宋史》卷九五《沟渠志》，第2367页。
② ［清］徐松辑：《宋会要辑稿》第12册《食货六一》，第7475页。

型的工程，一般分布在滨湖区，多在两浙路一带，筑堤岸将农田与湖水隔开，并在堤岸设堰门，旱则启门引水，涝则闭关阻水；有拒咸蓄淡型的工程，主要分布在通海大河的下游处，建立大型的堤坝以抵御海潮的入侵，并蓄引淡水进行灌溉，莆田木兰陂工程就是突出的代表。元丰年间（公元1078—1085年），政府诏各路"开废田，兴水利，民力不能给役者，贷以常平钱谷，京西南路流民买耕牛者免征。五年，都水使者范子渊奏：'自大名抵乾宁，跨十五州，河徙地凡七千顷，乞募人耕种。'从之。"[1]进一步推广农田水利法，为各地的水利事业发展提供了良好的制度环境。

二、水神崇拜与民间信仰

曾经的水利工程如今都成了旅游、休闲场所。土海，即古代的国清塘，现被建成湿地公园。木兰陂陂首工程附近、东圳水库坝头等一直是游览景点，人们在沟渠上赛龙舟。黄石镇东华村每逢闰五月理搭桥亭、水架。木兰春涨、白塘秋月属于著名的"莆田二十四景"。另外，水利历史资料极其丰富，有木兰陂纪念馆、镇海堤纪念馆（原为报功祠）、钱四娘纪念馆等。香山宫里，陈列着历代治水功臣石像。凭借这些资料，人们可以缅怀先贤业绩，重温水利历史。历代出了不少水利专著，如明代李熊《木兰陂集》、清姚文崇等《续刻木兰陂集》、清陈池养《莆田水利志》，还有莆田县木兰陂水利管理处《木兰陂水利志》和最近出版的《莆阳水利功臣谱》。人们把木兰溪说成"母亲河"，这里的兰水、兰溪，实际上包含了兴化平原上的所有沟渠。

---

① ［元］脱脱等撰：《宋史》卷一七三《食货志》，第4167—4168页。

此外，莆田方言里有一些词语，也能反映水利的影响。莆田话"沟"特指引陂水灌溉农田的沟渠，因此沟里的水族被说成沟鱼、沟虾、沟蛳（音资）、沟蚬、沟螺等；农民挖沟土肥田，沟船在河面上航行，四沟嘴、沟头、沟尾、沟下、沟边则成了地名。与此同时，人工挖掘的水道，反而要用修饰语加以限制，如把水沟说成"涵沟（槽）""水路"，把畦间小沟说成"渎（音达）沟"。同理，"塘"特指古代人们开挖的用于灌溉的大水塘，一般的池塘就被说成"池""窟"。此外，俗语"白浪长驱直抵壶山之麓"，描绘的是南北洋未筑堤时的情景；"东角筑堤遮浪"，巧妙地将东角遮浪海堤隐括在一个对句里；"大水淹洋"反映的则是决堤或发生洪涝时兴化平原被淹没的情景；人们又用"清共木兰陂厄（的）水一样"来比喻为官清廉，不过现在陂水没有以前那么清了。

莆田对那些有大功于民的治水功臣立祠立庙纪念，有裴观察（次元）庙、吴长官（兴）庙、李长者（宏）庙、钱神女（四娘）庙及香山宫、冯大师（智日）庙、世惠祠（主祠唐太守何玉）、岳公（正）祠等。除岳公祠外，其他都始建于唐宋，起初是乡人立祠祀之，后经过多次重修，世世代代供奉不绝。在古代，一些庙宇"春秋致祭"（每年春秋两季由官方主持，各祭祀一次）。这些人生前为民造福，死后民间自发纪念，由人及神，属于地方神灵，是莆田百姓信奉的神灵，属于莆田特有的。同时，老百姓又认为他们生前有超人的能力，死后为神，可能具有非凡的神通，能帮助自己实现美好愿望或化解灾难，所以至今老百姓时时去他们的庙宇里烧香磕头，祈求保佑，就像对待普通神灵一样。这是一种独特的人文现象。水利功臣的事迹可歌可泣，他们已被人们当作神灵崇敬祭祀，但是更不应忘记的是千千万万的劳动人民。

第二章 木兰陂水利工程历史演变

木兰陂从最初的选址营建到现在的继续运用，持续了近千年，至今仍在发挥着不可替代的水利功能。

第一节 木兰陂的创建

木兰陂始建于北宋治平元年（公元 1064 年），建成于北宋元丰六年（公元 1083 年），历时近 20 年。

一、工程建设

木兰陂位于木兰溪下游的莆田市城厢区城郊乡陂头村，距城西南 4 千米。其建成于北宋元丰六年（公元 1083 年），是当时福建最大的引水工程，也是我国现存最完整的古老陂坝工程之一。它把木兰溪的水源引入莆田南北洋平原，灌溉 16.5 万亩良田，而且兼有工业用水、航运交通、水产养殖等社会综合效益。木兰陂的建成，对南北洋地区的工农业生产、国民经济的发展有很大的作用。据县志记载，在 1400 多年前的隋朝，南北洋平原是"潟卤弥天，潮汐往来，不生禾苗，蒲草丛生"的滩冲积地，莆田也因此而得名。之后，莆田先民在滩地上逐步围垦造田，因缺水灌溉，垦地有限。至唐建中年间（公元 780—783 年），当地开始在延寿溪筑陂引水灌溉，开发北洋滩地。唐元和年间（公元806—820年），观察使裴次元在南洋筑海堤，又于红泉宫（今黄石）筑堰蓄水，垦田数千亩。唐末五代以后，莆田同南方其他地区一样，由于受到封建社会经济、文化中心南移的影响，当地经济文化得以繁荣。到了宋朝，延寿溪、萩芦溪上又相继建成泗华、太平、南安三座大陂，北洋片进一步得到开垦，从而发展了农业生产，也鼓舞了人民群众开发利用木兰溪水利和南北洋平原的信心。继上述三座水陂之后，当地开始着手修建木兰陂引水工程。

木兰陂先后经过三次营建（见图2-1），经过两次严重的失败，至第三次始获成功，前后历时近20年。

第一次是在宋英宗治平元年（公元1064年），福州长乐女子钱四娘携带巨金10万缗，在木兰溪将军岩（今樟林村）前拦溪筑陂。该处右岩是鼓角山麓，岩盘裸露，直趋河中，对岸为河谷农地，

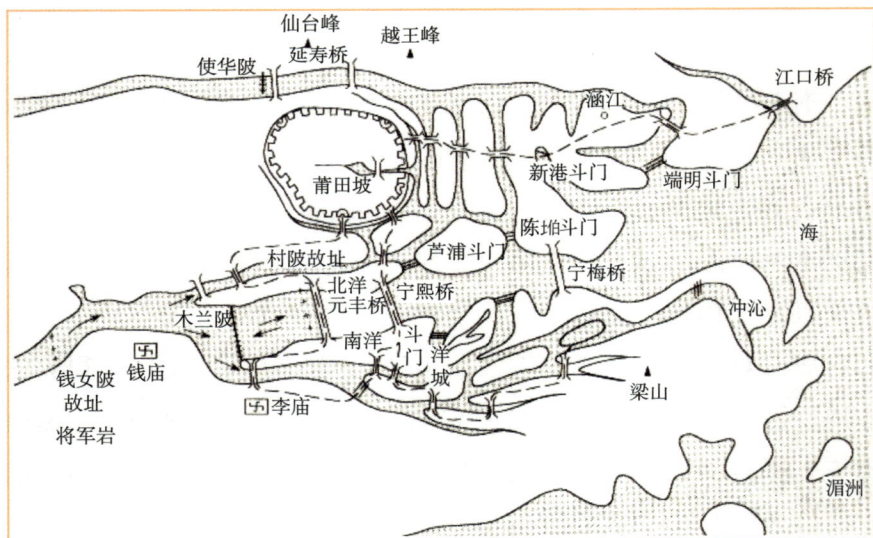

图2-1　木兰陂三次修建工程位置示意图

基础不相一致，且水势右急左缓，因而陂刚建成，便被暴涨的溪洪冲溃，功亏一篑，钱四娘愤而投水，与陂俱没。

第二次在宋神宗熙宁初（公元1068年），钱四娘的长乐同邑进士林从世又集资10万缗建设木兰陂。此次他选择在今木兰陂下游近1千米的温泉口围堰筑陂，但是这里港窄潮急，因此大坝在即将建成时，再次被汹涌的海潮冲毁，第二次筑陂也以失败告终。

第三次在熙宁八年（公元1075年），时值王安石推行《农田水利法》，因此在朝为官的莆田人蔡京多次奏请朝廷兴修莆田水利。侯官（今福州城内）人李宏奉命来莆，携金7万缗，又得精通水利的僧人冯智日的帮助，他吸取前两次的失败教训，在经过实地长期的地质和水情考察后，建议将拦河闸坝移建在木兰溪流出峡谷进入平原后约1千米的位置。新陂址在钱、林所选旧址上下游间，溪面宽阔，水势迂缓，两岩夹峙。这里是山溪洪水与潮水上溯顶托最小的地方，也就是洪水与潮水水位差最小的地方，因此建坝于此能较大地减轻上游洪水和下游海潮的冲击。在破土动工之时，他们借鉴"筏形基础"经验，制定了一套严密而复杂的施工工序和技术规范，由冯智日亲自涉水插竹、放样施工。此次建陂工程前后历时8年，终于在北宋元丰六年（公元1083年）告成。据传，李氏同年客死在大孤屿。邻近东山村东山水闸右侧有土墓一座，树碑"李宏长者之墓"，也有传说是衣冠冢，无从稽考。

木兰陂建成后，受洪、潮灾害的长期侵袭和地质变化的影响，工程部分损坏经常发生，木兰陂工程也不断进行整修和加固。虽然历经多次维护重修，但木兰陂渠首枢纽工程的位置和结构均未发生改变，因此木兰陂是我国现存古代灌溉工程遗产中保持原貌最好的一个。

宋熙宁十年（公元 1077 年），当地在陂的南端修建了一座惠南桥（明时改称"迴澜桥"），作为通向南洋平原的进水闸，同时开挖了大小沟渠并建造水闸和涵洞，开辟出南洋灌区。

二、陂田设立

在木兰陂修建与使用过程中，李宏后人与其余的十四家后人经过商议，专门划定了一块田地，以其收益来提供工程修缮及祭祀活动所需要的部分费用，或者将其中一部分田地划拨给护陂人员、功臣等进行耕种，以其收益作为这类人的薪俸。陂田为十四家共有，其管理由十四家按年轮流进行，其收益只能用于修缮及护陂酬劳，不得挪为他用。这种"专门田"是在木兰陂修建以及修缮过程中诞生和发展的，实质上也属于一种特殊的地主经济土地集体所有制，其收益的管理与唐宋间盛行的学田、义仓田、祭田类似。需要进一步说明的是，作为木兰陂修缮维护管理活动的重要组成部分，陂田制度以"陂田"为经济基础，以宗族血缘关系为纽带，以"陂司"和"祭司"两个机构作为其制度表现。"陂司"专门掌管陂田收益与木兰陂修缮维护工作，而"祭司"则掌管钱四娘、李宏等修陂功臣庙宇的香火以及春秋两季民间祭祀事宜。十四家大户及其后裔专任"陂司"，掌管陂田，收取租税，在修陂、修庙宇时拨付材料、人工款项。李宏后裔则专任"祭司"，管理"协应庙"，并负责对钱四娘、林从世、李宏等修陂功臣的春秋祭祀工作。这样一种制度既保障了修陂所费钱粮的来源，又传承了修陂功臣的精神，是一种较为完善的工程维修与管理制度。

第二节　元明清修护及发展

元明清时期，为维系和发展木兰陂的水利功能及效益，当地曾对木兰陂进行了多次大规模的整修。

一、元代大修

元至正年间（公元 1341—1368 年），由于木兰陂将军柱倾斜，所以当地在重修时保留了 29 孔陂门，都用木板为闸，可以根据旱涝情况进行启闭。

元延祐二年（公元 1315 年），兴华路总管郭朵儿与副总管张仲仪在木兰陂北岸修建了一座"万金桥"（又名"万金陂门"），作为通向北洋平原的进水闸，引上游水与延寿溪、萩芦溪来水汇于今荔浦村，开辟出北洋灌区，至此形成了今日的木兰灌区。

二、明代大修

明永乐十一年（公元 1413 年），木兰陂受损，陂门 4 根石柱被风涛折断，重修时改 28 门木板闸为石板闸。洪水大时从石闸板上漫过，旱时则蓄水于闸内。同时，仍保留 1 块木闸板，用来冲刷陂内淤积的泥沙，俗称"脱沙陂门"，保证了南洋进水闸的正常进水。明嘉靖二十三年（公元 1544 年），当地对倾斜的石柱进行了纠正，并且补充了泄水石及两岸塍石。

另外，当地曾对堤岸部分进行了数次整修。莆田市海岸线绵长，宋代建成木兰陂后，南北洋海堤体系也逐渐完备。其中，南洋海堤工程最艰巨的首推东角堤，古称镇海堤，自遮浪起止于东南，雄踞兴化湾，面迎东北，是扼守南洋的重要门户。明洪武二十年（公元1387年）江夏侯周德兴为防倭寇，将石堤尽拆，转运石料砌筑平海、莆禧两城，仅留下土堤。自此至嘉靖十三年（公元1534年）的147年间，土堤常被海潮冲决，致使南洋人民饱受海潮灾荒之苦。旧志记载：洪武三十年（公元1397年）堤崩，海潮直抵壶公山麓，十多万亩田地汪洋一片，陆可行舟，草木尽死，民无粒食，纷纷逃荒他郡。嘉靖十三年（公元1534年），兴化知府黄一道迫于民意，才开始修复石堤，然未完工即被解官离去，同知谭铠继续完成工程。从嘉靖十三年（公元1534年）至道光五年（公元1825年）的291年间屡坏屡修，有历史记载的海淹大灾14次，修复加固11次。道光六年至七年（公元1826—1827年），邑人陈池养依靠民众力量，较大规模整修东角堤，石堤原貌一直保持至民国年间。

有明一代，当地重修木兰陂及其渠系共计6次，极大地完善了木兰陂体系的大量水工设施，较好地实现了"春则筑陂潴水，以备干旱；秋则开陂，以通舟楫"，南北洋水系沟渠逐渐发育成形。与此同时，农田制度得以优化，沿海地区大量开垦"埭田"，耕地面积迅速扩展。另外，明代也是莆田地区系统水利建设快速推进的时期。据记载，仅明代莆田县修缮、重建、新建陂塘坝埭就有52处，仙游县修缮、重建、新建陂塘坝埭坑窑池井达636处。

三、清代大修

清代对木兰陂的大修主要有两次：一次是清康熙十九年（公元1680年），28座陂门有近一半被水冲坏，陂堤被泄水全部冲塌，官府拨款对木兰陂进行了重修；另一次是清乾隆二年（公元1737年）八月发生洪灾，陂门及迴澜桥被冲毁，由于缺少管理，损坏越来越严重,最终由南北洋受益户按亩征资进行了重修(见图 2-2)。

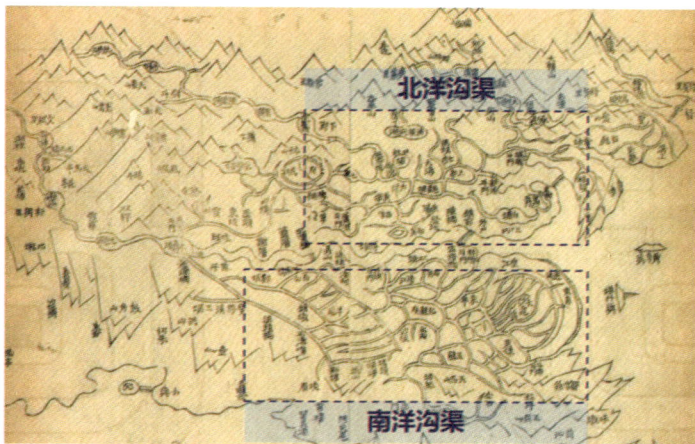

图 2-2 光绪二年(公元 1876 年) 全莆水道图 (来源:《莆田水利志》)

第三节 南北洋的开发

南北洋是木兰陂灌溉、供水、挡潮、排涝、航运及生态等水利效益的主要受益区,两洋的农业及其他经济开发是伴随着水利保障的发展而逐渐发展起来的。

一、北洋平原

宋代以前,北洋平原开发有限,由于缺乏拒咸蓄淡控制性工程和系统海堤防护,咸潮上溯对人居环境、农田灌溉、生态景观及交通都有很大影响。《莆田水利志》载:

（延寿）溪水由延寿出杜塘趋海,唐建中时,吴长官兴滕海为田,于杜塘筑堤,遏流南入沙塘坂,名延寿陂。酾为巨沟,

折为股沟，凡三派，南至芦浦，东南至宁海，东北至涵江，潴水溉田，统为北洋。[①]

隋唐时期的北洋潮汐能够涌上使华桥和澄清山，北洋各支河道都从杜塘和企溪等村出海。后经吴兴塍海筑堤，又在企溪和大泮设置了陡门洩，海水才退去。但周瑛又曾道及，以前人们北上福州，皆循山而行，甚至在吴兴"埭海捍潮，堰溪溉田"之后，由于平原内部仍然受三支海港的分隔，时人北上福州，照旧是从县城的北门绕着枫林、吴店和迎仙驿诸地的山道行走。直到后来发生虎患，人们被迫改由平地，自魏塘、涵头（即涵江）、佘埔而至江口桥。故依此而推，吴兴所筑的海堤当在杜塘、企溪和大泮的一线上，而魏塘、涵江等地受到支海所隔，地势应当十分低洼和泥泞，控制能力有限。使华陂、延寿陂、太平陂等虽有建设，但囿于位置，灌溉区域十分有限。

北洋大规模的围海造田开始于宋代。在木兰溪建陂之前，土地尽为盐沼之地。而在盐沼地之间，港汊湖泊则都通海。如今县东南阔口一带的白湖，彼时十分宽广，一直延到城郊的东门兜（即镇海），潮汐能直涌进来。宋熙宁年间（公元 1068—1077 年），为了交通黄石，当地曾经架设浮桥于此，甚为壮观。宋人郑叔侨作诗描绘说："千寻水面跨长桥，隐隐晴虹卧海潮。结驷直通黄石市，连艘横断白湖腰。"因为白湖通海，实际上尚属海湾，故宋人方昭又有记文说："夫七闽诸郡，莆田最为濒海，地多咸卤。"宋人刘克庄说过："昔（延寿）陂未成，潮汐至使华桥，（吴兴）

---

① ［清］陈池养编：《莆田水利志》卷一《图说·延寿陂》，清光绪元年刻本，哈佛燕京图书馆影印，1875 年，第 23 页。

侯始塍海捍潮，堰溪溉田，向之咸地，悉为沃壤，不知其几十万顷也。"[1] 迄至宋代，"濒海之田依堤为固，名曰长围，昔人于围内疏塘以灌溉，而北洋凡十塘焉"[2]，出现了三步泄和壕塘等，又有芦浦、陈坝和慈寿诸斗门（即"陡门"，不再另注）的兴筑，是则宋代的北洋，基本上已得围垦。而至元代，郭朵儿再在新港截海道，筑斗门，随后复从涵江西南面围出数百亩的海荡，使之成为自水塘，北洋的土地便又扩大了。

宋代的涵江，延寿溪水由使华陂渠道灌注北洋田地，其中有一支流即至此泄洪入海。而涵江镇南的大埕，一度作为盐埕，西侧的新港和港头，以前也设置过入海的斗门。东边的矴头，则是海中的礁岛。以此而观，是至宋代涵江尚当三面面海。而今涵江镇南和东南的白埕、新浦、哆头和埔尾，至清仍作盐场。可见这些地方被开辟成农田，从时间上说，为时更晚。

元延祐二年（公元 1315 年），"总管郭朵儿始开木兰陂万金斗门，总管张仲仪继之，引木兰水由屿上历杭口、东埔……至城南，转城东，分入各沟。复于新港障海，通延寿水，过涵江，溉上下望江。先后设芦浦、陈坝、新港、慈寿四斗门澳水入海"[3]。又说：

> 按莆北洋水称延寿，源自仙游……因名渔沧溪，过八濑堰，为使华陂，分二圳：北圳二，一溉白杜、霞尾、企溪，一溉淡头；南圳溉龙桥、四度岭。大流入溪，为延寿溪，汇为徐潭，分二派：

[1]［宋］刘克庄撰：《后村先生大全集》卷九二《义勇普济吴侯庙》，第987页。
[2]［宋］刘克庄撰：《后村先生大全集》卷二二《新修三步泄记》，第225页。
[3]［清］陈池养编：《莆田水利志》卷一《图说·延寿陂》，第24页。

一派直趋七星桥，至潭头分二支，一环城濠水关，合城中水至枋尾，一由三亭至乌石沟，俱与木兰水合，东至芦浦斗门入海；一派由龙王庙转企溪，至大泮，分二支，一由北沟、宫兜转下南沟、濠亭、四亭、沟下，与木兰水合，一由陈墩、大沟与枫溪合，东历长丰、西漳，由陈坝斗门入海。又向东北流，历吴刀、吕埭至新港，合太平陂之水，由新港斗门入海。又北至涵江，由宫口入上毛衕，又未至宫口，先分入坂尾诸沟，转水心亭至印沟，由慈寿斗门入海，即端明斗门也。又过涵江，下毛衕，出宫下萝苓桥，分入卓埔、塘头、冲沁、埔尾，与囊山水合，溉及金墩、百美、新浦、哆头、小山、岩嶂沿海，分由上港、新浦、小山三斗门入海。[①]

而对长生港和儿戏陂的流经，则辨析说：

以目前水道观之，延寿之下厮为二渠，顺流由七星潭而达芦浦者，其势迤，疑即古长生港也；转由企溪、大泮而灌陈墩以下各村庄者，其势曲，疑即古儿戏陂也。[②]

江口的九里洋，原先也属海荡斥卤之地，是经五代的陈洪进兴筑南安陂后，引来陂水灌溉才成良田的。东佘自明迄清一直近海，居民的生计都以渔盐为业。甚至连同田头、西刘和下墩这些地方，直到民国初年尚皆位居海滨。

因此，北洋围垦的大致过程是自北而南、由西向东逐步推进，最初垦区只在县城东北，接着延伸到平原的中部，然后才由中部

---

① ［清］陈池养编：《莆田水利志》卷一《图说·延寿陂》，第47页。
② ［清］陈池养编：《莆田水利志》卷三《陂塘·延寿陂》，第110页。

再向东扩展。

二、南洋平原

木兰溪未建陂之前，南洋的海水是与山水相交汇的，咸淡水混合一道，南洋的土地也"不能耕耨，止生蒲草，人们有事于府城，尤需以舟代步"。那时候，"大海在县东一十五里""莆田壶公洋三面濒海，潮汐往来，潟卤弥天"，大孤山和小孤山都在海中。

南洋得到广泛的开发，是在李宏筑陂之后。李宏应诏来到莆田，他吸取前人修陂失败的教训，改选基址于木兰山前洪峰水头与海潮潮涌高差最小的地段，陂筑成功后，遂又疏渠导水，开挖大沟7条，小沟无数，复立4处抵海斗门。迨至工程完善后，他弃横塘诸塘为田，只留国清一塘以备大旱，并开小龟（孤）屿北、大龟（孤）屿东沿海白地，垦田200余顷，使南洋形成了一套大型的水利工程，南洋的面貌也就随之改观。林大鼐赞扬它说："计其所溉，殆及万顷……仁人之功，其利溥哉！"宋人徐鉴也曾称道："莆邑负山滨海，中间平畴数十里，古皆斥卤沮洳不毛之土，变斥卤为膏腴，易沮洳为肥美，稻收再熟，岁屡丰年，地狭民稠，卒不忧其不给，则曰繫水之故。"而后更有人作诗吟道："十载勤劳陂创成，木兰不朽李侯名，壶山水绕恩波在，村北村南处处耕。"甚至赞曰："自是舟楫相通，田畴相望，风景不亚江南。"

元代，人们再加经营，废弃周边30里地的国清塘为田，并将澄口和东张的海地加以围筑，从而又使南洋耕地的面积再次扩大。

明代，围海造田不断进行。《御史朱湘与吴守书》载：

> 莆中洋田，依山附海，由高趋卑，尽处为沟，沟外为堤……

海民又于堤外海地开为塸田，渐开渐广，有一塸、二塸、三塸之名。外复为堤，以障海潮，此即前太守月溪黄公所修石堤是也。①

这时候澄口、东张的块田得到了改造。陈稔曾说：

> 元季以势力膝东张、澄口海地为田者相踵，然以斥卤，岁不可登。国初，县民林用震、李仲章皆以直得之，而用震居多，遂垣石外护，圳流中绕，连亘数里之塸，而微深广东山涵窦，以取余溉之益……②

但是，这种争相围筑海田的局面，并非一帆风顺，到了清初，曾遭破坏。"迁界"致使大片海田荒芜，直到展界后，才渐次修复。史载：

> 自康熙辛丑，清楚徙民，截去兴福、醴泉、武盛、奉谷、崇福、合浦、新安、安乐、灵川九里，他如望江、连江、国清等里，各有割截，计去地三之一。今虽许民复回，而里居寥落，野场弗塞，迥非旧观，民气殊未复也。③

又谓：

> 顺治十八年，徙沿海，地弃为瓯脱，海水坏堤，直至内地。

---

①［明］朱淛撰：《天马山房遗稿》卷五《与吴太守论莆田南洋水利书》，钦定四库全书本。

②［明］周瑛、黄仲昭著：《重刊兴化府志》卷三一《礼纪十七·艺文志六》，第835页。

③［清］宫兆麟等修，［清］廖必琦等纂：乾隆《兴化府莆田县志》卷一《舆地志》，第7页。

阅二年，兴筑界墙，自宁海东畔起，至塘下为长堤，堤外尽为海荡。康熙八年，展界，半南、东埭等九乡同筑内堤，自东埭北接大孤山，南抵邹曾徐。二十一年，许民尽复故里，独东角、遮浪二乡以长堤工力浩大，未能兴筑，两乡民止于东华、大孤屿，后渐次暂筑内堤，开垦一、二洋而已，余弃地尚多，未暇及也。若北洋则尽复至古堤矣。[1]

直到雍正十三年（公元1735年），地方官府对理口、东角和遮浪等处重数围筑，才使这些垦辟过的海田得到了恢复。莆田的农业得到了转机，额征地丁银数再次"甲于通省"。

三、科学的水利设施

顾炎武在《天下郡国利病书》中说："海，闽人之田也。"莆田南、北二洋正是由海湾演化成沼泽地，而后经过人们辛勤的改造，变成良田的。在这改造的过程中，科学的水利建设起着最关键的作用。早在宋代，郑寅已经指出：

> 莆田滨海广斥，昔人陂双溪以灌泻卤，田之号南北洋者，遂为沃壤。经营之初，有堤有港，有塘有沟，有圳有泄，因天时与地形以纵闭，其虑周矣。[2]

从这些言论分析，宋代在今平原上兴修水利，一开始就注意到南北二洋地势的低洼、受到潮汐的冲击和土壤含有盐碱的特点，因而周密设计了引、蓄、灌、排综合利用的大型水利工程。

---

①［清］宫兆麟等修，［清］廖必琦等纂：乾隆《兴化府莆田县志》卷二《舆地志》，第63页。

②［清］陈池养编：《莆田水利志》卷八《重修濠塘泄记》，第896页。

以南洋的水利来说，李宏筑木兰陂大功告成后，即在陂右兴建了迴澜桥，作为通向南洋灌区的进水闸；接着开挖"大河七条，横阔二十余丈，深三丈五尺，支河一百有九条，横阔八丈，深二丈有奇，转折旋绕至三十余里"，并"立林墩斗门一所，洋埋、东山水泄二所，东山石涵一所""又恐泄水不足，立东南等处木涵二十九口，以杀其势"。

综上可知，宋人对于南洋水利建设所采取的规划措施是非常严密的。之所以如此，完全是出于自然方面的原因。莆田属南亚热带海洋性季风气候，7、8、9月间多台风和雷雨，特别是当台风正面袭击莆田时，每致风潮和山洪的暴发，使海堤被冲溃，或酿成严重的水灾。而当夏季少受台风的影响，又容易出现夏旱。到了冬季，冷空气南下，也经常出现强劲的东北大风，导致海溢溃堤。因此，要使这一地区的农业获得稳产和高产，就必须要有一套科学的引、蓄、灌、排综合利用的水利设施，而且工程质量要求较高，要能经受得住海潮和暴雨的侵袭，同时还要建立一套严格的管水用水的制度。否则，灾难随时都可发生。北洋地区的水利规划建设也是如此。[①]

第四节　近现代发展

近代以来，木兰陂已经历几次大修，主要包括1949年大修、20世纪50年代全面整治和80年代3次系统维修。

1949年，修木兰陂墩，堵塞漏水处，添补陂板、陂埕石，对

---

① 林汀水：《福建历史经济地理论考》，天津：天津古籍出版社，2015年，第29—31页。

万金桥堤岸及溃水处进行重筑。

20世纪50年代，政府出资对木兰陂进行了全面整治。1961年，福建省人民委员会正式把木兰陂和李宏庙列为第一批省级重点文物保护单位，并多次拨款进行维修。

1984—1986年，当地对木兰陂渠首进行了3次全面整修。

附：木兰陂及南北洋水利大事记

时间	纪事
唐贞观元年 （公元627年）	开凿诸泉塘、永丰塘、国清塘、沥浔塘。莆田水利自此始。
贞观五年 （公元631年）	开凿横塘、颉洋塘。
建中年间 （公元780—783年）	地方官吴兴于滩涂筑堤围垦；于杜塘筑长堤，遏流南入沙塘坂，名延寿陂。
元和年间 （公元806—820年）	观察使裴次元于南洋筑海堤；又于红泉宫（今黄石）筑堰蓄水，垦田数千亩。
五代十国时期 （公元907—924年）	王审知兴建太和塘、屯前塘、东塘。
宋太平兴国二年 （公元977年）	节度使陈洪进创建南安陂。
嘉祐元年 （公元1056年）	知军刘谔于萩芦溪拦河筑坝，引水灌溉，是为太平陂。
治平元年 （公元1064年）	长乐女子钱四娘以金十万缗，于木兰溪将军岩（今樟林村）拦溪筑陂。陂成即遇洪水，四娘投水，与陂俱没。 是年，蔡襄重修南安陂。
熙宁八年 （公元1075年）	侯官人李宏应诏筑木兰陂。陂址选择得僧人冯智日相助。历时八年，于元丰六年（公元1083年）功成。
绍兴二年 （公元1132年）	知军赵彦励重建端明陡门。陡门在延寿里，又称慈寿陡门。
绍兴十五年 （公元1145年）	县丞五康公重修南安陂。

时间	纪事
绍兴二十八年 （公元 1158 年）	莆田县丞冯元肃重建芦浦陡门。陡门在延福里，地处使华陂、木兰陂交会之地，为节制关键工程。
淳熙元年 （公元 1174 年）	知军潘畤于北洋尾间重建陈坝陡门。为双门，溉田六十七顷七十亩。
淳熙年间 （公元 1174—1189 年）	创建金墩陡门。
绍熙元年 （公元 1190 年）	于淳熙旧基以北重建陈坝陡门，引流自涵江入。
淳熙四年 （公元 1177 年）	知军汪作砺重建芦浦陡门。
淳熙九年 （公元 1182 年）	改建洋城陡门，溉田六百一十顷七亩。
绍熙二年 （公元 1191 年）	重建洋城陡门。
绍定年间 （公元 1228—1233 年）	知军曾用虎重修太平陂，随即更名为曾公陂。
元皇庆年间 （公元 1312—1313 年）	郡守郭朵儿重修金墩陡门。为双门，每门宽五尺以上。
延祐年间 （公元 1314—1320 年）	县尉谢元重修芦浦陡门。
延祐二年 （公元 1315 年）	郭朵儿于木兰陂左岸建万金陡门，开渠，是为北洋，增加灌溉数万亩。北洋下与延寿溪合。
至正三年 （公元 1343 年）	重修洋城陡门。
至正二十年 （公元 1360 年）	创建永丰陡门。
明洪武初年 （公元 1368 年）	莆田人周孟仁修治林墩陡门，并捐资修建草屋，作为闸夫修守留宿之地。
洪武二十年 （公元 1387 年）	江夏侯周德兴拆东角遮浪镇海石堤，用以砌筑平海、莆禧二城。砌石拆除后，海堤仅存土堤。

木兰陂

砥柱卧龙栖

斥卤成良田

时间	纪事
洪武三十年 （公元 1397 年）	潮水毁东角遮浪镇海堤，里人朱存仁赴京请修。明廷派钦差林汝辑来莆田，与通判董彬合力修筑。
永乐三年 （公元 1405 年）	里人林孟达再次赴京请修海堤。明廷助东角遮浪堤积字八百二十号修筑。
永乐八年 （公元 1410 年）	主簿刘献重修芦浦陡门。此次重修改为三门。
永乐二十一年 （公元 1423 年）	芦浦陡门坍塌。里人陈宏滨捐资助修，改回二门。
宣德年间 （公元 1426—1435 年）	骥子廖、于履常重修永丰、下楼小陡门。此二陡门为水利要冲，与龟塘、溪东、东汾等相通。筑二门使外水不得进入，内水有所宣泄。
宣德五年 （公元 1430 年）	县丞叶叔文重修端明陡门。
宣德七年 （公元 1432 年）	县丞叶叔文重修林墩陡门。
正统二年 （公元 1437 年）	主簿唐礼重修延寿里新港陡门。
正统六年 （公元 1441 年）	知县刘批重修陈坝陡门。
景泰三年 （公元 1452 年）	知府张澜、知县刘批重修洋城陡门。
景泰中 （公元 1450—1457 年）	吴时羹重修东山陡门。
成化二年 （公元 1466 年）	知府岳正重修章鱼港南创陡门，规定陡门启闭专泄章鱼港田渍涝。
成化六年 （公元 1470 年）	海潮毁东角遮浪堤。知府申文募集全县民夫七千余人修筑海堤。
成化十六年 （公元 1480 年）	八月，飓风袭击东角遮浪镇海堤，堤再次溃决。知府刘澄主持修堤。
成化二十三年 （公元 1487 年）	海潮溃东角遮浪镇海堤。知府申文、御史董委托同知桂籍主持修堤事宜。

木兰陂

砥柱卧龙栖

斥卤成良田

时间	纪事
弘治二年 （公元 1489 年）	洋城陡门毁坏。知府黄岩、王弼重修，于陡门基址得元元统年间（公元 1333—1335 年）镇水石涵剑一口，经一本，银牌一口。重修后仍放旧址镇水。 是年，洪水冲毁陈坝陡门，知府丁镛命人修复。
弘治三年 （公元 1490 年）	东角遮浪镇海堤冲毁。同知朱梅修复，筑堤工食一人稻一石，银五六两。 是年，海堤毁于飓风。地方老者谢养请雇民夫修堤。
弘治十一年 （公元 1498 年）	推官詹瑾重修芦浦陡门。
正德十二年 （公元 1517 年）	知县雷应龙重修芦浦陡门。
嘉靖十年 （公元 1531 年）	知府叶观重修芦浦陡门。
嘉靖十三年 （公元 1534 年）	东角遮浪镇海堤冲毁。知府黄一道于海堤险工段修筑天、地、玄、黄四处石矶护堤。石矶基础下木柜，填充用碎石，并筑海堤，功未尽黄辞官而去，同知谭铠为继之。东角人建崇勋祠、遮浪人建功德祠，同为黄谭二公塑像，春秋祭祀。
嘉靖二十年 （公元 1541 年）	知府周大礼重修林墩陡门。
嘉靖二十九年 （公元 1550 年）	东角、土石二堤毁坏。同年修海堤。开仓赈济灾民并减免秋粮。
嘉靖四十三年 （公元 1564 年）	御史林润上疏请拨款修治陂塘、陂门、海堤。拨款千金，修筑东角、遮浪险工段。用丁顺叠砌法修筑，海堤抗潮冲击能力大为增强。
万历元年 （公元 1573 年）	知府吕一静重修洋城陡门，原址所存经、剑俱存，仍藏旧处，以镇水。
万历六年 （公元 1578 年）	遮浪海堤被毁。以府羡邮金四百两和堤田银六百两修堤，通判许培之监督。共修海堤四百二十丈，筑石矶一处以杀水势。
万历十五年 （公元 1587 年）	同知吴日强捐金倡修使华陂。

时间	纪事
万历十六年 （公元 1588 年）	东角堤海堤被毁。御史邓炼拨款五百七十五两，重筑海堤共计四百八十二丈二尺。
万历二十九年 （公元 1601 年）	邑人知府黄腾春同本地老人陈子议、林朝浚等重建端明陡门。
万历三十年 （公元 1602 年）	遮浪海堤毁坏。巡抚金学曾用备赈银四百八十两，重修海堤并新增石矶护堤一处。
万历三十四年 （公元 1606 年）	推官孙养正重修洋城陡门。
万历三十九年 （公元 1611 年）	知县李荣重修芦浦陡门。
万历四十年 （公元 1612 年）	重修南安陂。
清顺治八年 （公元 1651 年）	木兰陂堤岸崩坏，兴化府知府朱国藩主持重修，经费由南北洋的水田亩均摊。
康熙五年 （公元 1666 年）	重造林墩斗门。
康熙六年 （公元 1667 年）	重修木兰陂。
康熙八年 （公元 1669 年）	同年修筑南洋东角遮浪镇海堤。
康熙十九年 （公元 1680 年）	木兰溪大水，木兰陂堤岸及大半闸门冲毁，拨官款重修，至康熙二十一年竣工。
雍正五年 （公元 1727 年）	兴化府知府沈起元修复木兰陂、南安陂。
乾隆二年 （公元 1737 年）	木兰溪大水，木兰陂闸门及迴澜桥冲毁，陂洞及南陂桥梁损坏，南北洋得水田亩出资重修。
乾隆十一年 （公元 1746 年）	重修镇前孔泄堤。
乾隆十三年 （公元 1748 年）	重修太平陂、南安陂、洋城斗门。

时间	纪事
乾隆十六年 （公元 1751 年）	李宏裔孙捐资重筑木兰陂，并修南北陂石梁，疏浚水道二百余丈。
乾隆二十年 （公元 1755 年）	重修北洋杭口堤。
乾隆二十三年 （公元 1758 年）	清廷议准，福建粮驿道，兴泉永道，福州府海防同知，兴化、福宁二府粮捕各通判，闽县、莆田、宁德各县县丞，所管地均有水利，应令兼衔，并换给关防。
乾隆二十四年 （公元 1759 年）	闽浙总督杨应琚、福建巡抚吴士功奏请兴修福建省农田水利。 是年修浚莆田县木兰陂。
乾隆三十二年 （公元 1767 年）	兴泉永道蔡琛等捐廉倡修莆田县木兰陂陂洞、闸门及南北两岸闸门、迴澜桥。
乾隆四十一年 （公元 1776 年）	木兰陂南岸陂堤冲坏，按亩摊费兴修。
乾隆四十八年 （公元 1783 年）	筑北洋韩坝堤。基础以木为柜，中填土，凿孔贯桩木深钉，工程始获成功。
嘉庆十年 （公元 1805 年）	大修木兰陂。
道光二年 （公元 1822 年）	大修太平陂。
道光七年 （公元 1827 年）	洪水溃木兰陂。闽浙总督孙尔准令府、县捐廉修南北两岸石工。 同年，南洋东角、遮浪镇海堤崩坏八百余丈，兴化府知府徐鉴等奉檄督修，筑石堤一千一百一十四丈，修东西两石涵，又筑水埠内堤千余丈，次年工竣，共用钱十四万一千五百千。

时间	纪事
道光十八年 （公元 1838 年）	御史巫宜禊奏称：木兰陂为永春、德化、仙游三州县涧水所汇，其石堤不仅为灌田溪水之堤防，亦为滨海村落保障。近来堤工间有损缺，沟渠涵洞，不无滞塞，请饬查修理。并该省有关农田要害之陂塘堤堰，一体疏浚修筑。 道光帝命闽浙总督钟祥、福建巡抚魏元烺督饬该府县，确查木兰陂石堤有无断决之处，并通饬各府州县于各该地方有关农田水利之陂塘堤堰，应否疏筑，俱随时留心察看，妥为办理。
光绪三十一年 （公元 1905 年）	木兰溪大水，木兰陂墩石及岸堤均有损坏，募款修复。
公元 1914 年	六月，水灾，莆田城区水深达九尺，城门无法开启。 七月，再次水灾，冲毁洋尾村海堤。洪潮夹击摧毁海堤，南北洋九万多亩海淹，作物绝收，连续三年歉收。
公元 1954 年	成立莆田县木兰陂水利委员会，此为木兰陂灌区设置管理机构之始。
公元 1956 年	6 月，北洋最大的涵坝排洪闸建成，水闸 15 孔，最大设计流量 330 立方米每秒。 8 月，水利部部长傅作义视察木兰陂水利工程。 是年，莆田第一座水电站太平陂渠道水电站建成投产发电。 是年，围垦月塘 3200 亩，为莆田县首处千亩片围垦工程。
公元 1958 年	6 月，莆田东圳水库动工修建，历时 2 年竣工。 8 月，台风暴雨袭击，延寿溪上、中游山洪暴发，酿成特大水灾，泗华陂被洪水冲毁，下郑、龙桥、西天尾等乡村房屋遭受毁灭性破坏，作物受淹面积达 20 万亩，房屋倒塌 20429 间，水毁工程 995 处，死亡 38 人。
公元 1961 年	木兰陂和李宏庙被列为省级重点文物保护单位。 9 月，受强台风和大潮影响，山洪海潮同时为患，农作物受淹 14.3 万亩，房屋倒塌 15831 间，海堤崩毁 1176 处，死亡 20 人。
公元 1962 年	全国人大常委会副委员长郭沫若偕夫人于立群参观木兰陂，撰写《木兰陂诗》。刻碑立于木兰陂陂岸。

时间	纪事
公元 1969 年	9 月，受台风袭击，全县受灾农田 9.92 万亩，死亡 3 人，房屋倒塌 1631 间，海堤冲坏 712 处，长 84571 米。
公元 1973 年	8 月，莆田县 1949 年以后第一座万亩围垦胜利建成，围垦面积 1.24 万亩。
公元 1978 年	8 月，成立太平陂、南安陂管理所。 是年，东圳干渠木兰倒虹吸管由木质改建为钢管。
公元 1981 年	加固木兰陂。这是自 1949 年以来首次枢纽工程大修。 是年，改李宏庙为木兰陂纪念馆。
公元 1986 年	7 月至 10 月莆田县大旱，全县受灾面积 21 万亩。
公元 1987 年	水利部副部长杨振怀视察木兰陂。
公元 1988 年	木兰陂被列为全国重点文物保护单位。 经过 1985、1988 年两次木兰陂基础地质勘探，查明木兰陂为东海相沉积软土地基。
公元 2014 年	木兰陂被国际灌溉排水委员会列入首批世界灌溉工程遗产名录。

注：资源来源于《新唐书·地理志》《舆地纪胜》《八闽通志》《（弘治）兴化府志》《（康熙）莆田县志》《（乾隆）莆田县志》《（同治）莆田县志》《（民国）福建通志·水利卷》《莆田县志》《莆田县水利水电志》《莆田市志》《木兰陂水利志》等。

第三章　木兰陂水利工程及其效益

木兰陂是中国古代极具代表性的拒咸蓄淡灌溉工程，水利工程体系完备，渠首、渠系、海堤、控制闸坝等组成有机整体，至今仍为保障南北洋平原的用水安全发挥着重要功能。

第一节　渠首枢纽

木兰陂渠首枢纽由拦河坝、导流堤和进水闸组成，共同实现挡潮、泄洪、排沙、引水等功能。

一、拦河坝

拦河坝全长 219.13 米，全部采用大块体花岗岩条石砌筑，属于砌石堰闸型拦河坝。靠北岸为滚水重力坝，长 123.43 米（含南岸段 21.36 米）；上游陂面又和广阔的陂埕连成一体，平面为朝向上游的三角形状，即俗称北陂埕，面积 2450 平方米；下游陂面用大块体长条石丁顺迭砌成短台阶跌水消能。坝顶平均高程 7.6 米（罗零标高，下同）。南岸段为溢流堰闸，长 95.7 米，设有堰闸 28 孔、冲沙闸 1 孔（始建时分设 32 孔，元至正年南端堵 2 孔，北端堵 1 孔，改建为 29 孔），闸墩宽 0.9 米，厚 0.4 米，长 3.1 米，块重 2.5 吨以上，以巨石压顶，紧靠压顶石的末端，即在墩的下游侧，竖有一根 0.6 米见方、高 4.5 米的石柱（俗称"将军柱"），两侧面凿有凹槽嵌入墩体，"钩锁结砌"，构成整体，闸孔平均宽度 2.3 米，堰顶平均高程 6.5 米，使用木闸板启闭，控制上游水位；冲沙闸宽 4.2 米，闸底高程 6 米，堰闸上游 12 米长缓坡式浆砌石铺盖，始端与闸底板同厚，平均厚度 2.5 米，部分达 3 米；末端厚 1.36—2 米，平均厚度 1.5 米；闸下游坦水，均使用成吨以上大条石砌筑，分层叠压，每块条石长 3 米以上，成台阶式伸展，跌水每级高 0.3—0.4 米。厚度自上而下变薄，延伸长度 20—27 米不等，另在埝闸中段下游处，还设有两块加高加厚的舌形矩护坦，各长 13 米、宽 8.5 米、厚 2 米，用来增强稳定（见图 3-1）。[1]

图 3-1　木兰陂拦河闸坝

二、导流堤

南导流堤长 227 米，介于南进水干渠和拦河坝及下游港道之间，临水岸墙均用条石丁顺交替砌筑，中间回填红壤和一层三合土保

---

① 莆田县木兰陂水利南北洋海堤管理处编：《木兰陂水利志》，北京：方志出版社，1997 年，第 39 页。

护，上面再用石板铺砌，称为"南陂埕"（见图 3-2）。

图 3-2　南导流堤

北导流堤长 113 米，上连北进水闸墙，下接北陂埕三角形顶端；下游布设一道浆砌石导流堤长 56 米，位于埝闸和滚水重力坝之间，排流促淤，保护左岸（见图 3-3）。

图 3-3　北导流堤

三、进水闸

分南、北两座。南洋渠系进水闸，双孔引流，正常进流量 11 立方米 / 秒，南洋片原莆田县 4 个乡镇 70 个村受益，灌溉农田面

积 4867 公顷；北洋渠系进水闸，单孔引流量 5.5 立方米／秒，城厢、涵江二区和荔城区西天尾镇 63 个村受益，灌溉农田面积 4267 公顷（截至 1997 年）。[①]

南进水闸，是南洋干渠的进水口，分为两孔，中间鱼嘴起导流作用（见图 3-4）。

图 3-4　南进水闸

南渠节制闸位于南进水闸下游，对南洋渠系的供水进行控制和调节（见图 3-5）。

图 3-5　南渠节制闸

---

① 莆田县木兰陂水利南北洋海堤管理处编：《木兰陂水利志》，第 39 页。

第二节 渠系工程

　　木兰陂灌区西起西天尾镇的洞湖口，东至北原镇的汀峰村，北起国欢镇的西沁村，南至新欢镇的壶公山下。木兰陂以下的南、北洋沟渠，使荔城区、城厢区和涵江区12个乡镇133个行政村受益。木兰陂初建时，灌溉渠道仅开到南洋平原，至元代已扩大到北洋，形成长度超过400千米的纵横交错的灌溉河网。目前，木兰陂蓄水库容3亿立方米，灌溉面积10967公顷，已成为福建著名的灌区（见图3-6）。[1]

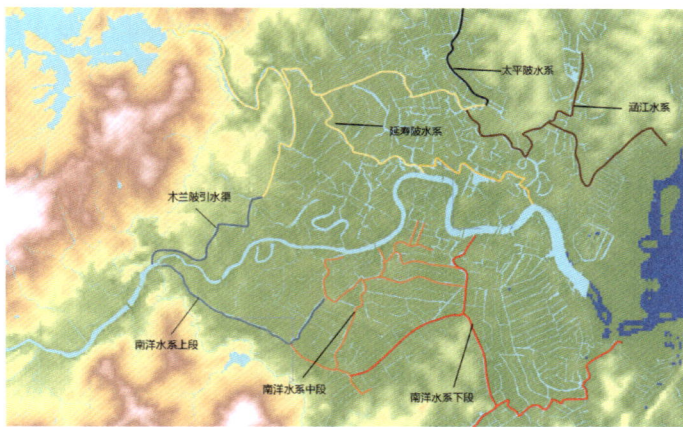

图3-6 南北洋平原水系分布示意图

一、南洋渠道

　　木兰陂渠首的南进水闸引水通南洋。南洋渠道分上、中、下

---

　　[1] 中国水利水电科学研究院水利史研究所：《福建莆田木兰陂世界灌溉工程遗产申报书》，2014年。

三段，共有大沟 7 条，小沟 105 条，全长 113 千米，灌溉城南乡、新度镇、黄石镇、笏石镇、北高镇农田面积 4867 公顷。据旧志记载，大小沟都是李宏所开，大沟都是原来的海港，小沟则是人力所开挖的。上段：自迥澜桥引陂水出为大沟 1 条、小沟 2 条；沙沟桥大沟 1 条，通何厝桥沟、后黄沟、溪船头沟、新沟共 4 条沟，沟深 2.94 米，宽 3.56 米。中段：上、下渠桥大沟 1 条，通漏头、东沟等处小沟 6 条；罗外大沟 1 条，通后亭、梓桥等处小沟 7 条；洋埕陡门前大沟 1 条，通小横塘等处小沟 4 条；横塘、新塘等处小沟 3 条，沟深 3.82 米，宽 7.05 米。下段：清江、化龙桥等处小沟 17 条；林墩陡门大沟 1 条，通小沟 9 条；后洋大沟 1 条，通小沟 38 条；五龙桥等处小沟 9 条；南田、笏石等处小沟 4 条；东山陡门等处小沟 6 条，沟深 4.41 米，宽 7.93 米。[①]

南洋平原水系骨干构架是木兰陂水利灌溉系统，灌溉范围包括城厢区的城南乡，荔城区的新度镇、黄石镇、笏石镇、北高镇等共计 70 个行政村及单位的农田（截至 1997 年）。

二、北洋渠道

万金桥建于元延祐二年（公元 1315 年），是通往北洋的进水闸，引水与延寿溪通。万金桥通往北洋的沟渠有：（1）万金桥以下大沟 1 条：由屿上历杭口、东埔、沟头、柳树桥至东门濠，通小沟 4 条（谢厝、霸下、郊下、亭墩等），又分小沟 4 条（吴墩下黄下路、黄厝墩、陡尾、阔口）；又大沟 1 条，自梅花亭、霸墩至芦浦，通小沟 2 条（枋尾、霸墩）。（2）城外濠池：左起东北隅，折而

---

① 莆田县木兰陂水利南北洋海堤管理处编：《木兰陂水利志》，第 49 页。

南，引延寿溪水注之；右起西北隅，折而东，引木兰溪水注之，二水交合。又东通银淀沟及七寸沟，通陈桥沟道至白塘沟。（3）涵江沟道：由保尾分支，环芦埕北入水心亭，由楼下出印沟，与顶鳗衕沟合，过慈寿陡门，由下鳗衕至铺尾，分支沟，转入塔桥；又直沟至金墩分支至哆头，又由白墓分支经东曾、小山。以上大、小沟皆元时所开。

北洋沟比南洋长，全长185.5千米，灌溉城郊乡、梧塘镇、西天尾镇、白塘镇、三江口镇、国欢镇、涵东办事处、涵西办事处等63个行政村及有关单位，农田面积达6000公顷（截至1997年）。[①]

三、渠系上的控制工程

南北洋沿渠水工建筑物主要有排涝闸、通海涵洞、控制闸、进水涵洞等（见图3-7）。

历史记载木兰陂的堰闸系统为：木兰陂进水闸（陂右迴澜桥）——大沟闸门（7处）——小沟闸门（109处）——田间石涵木涵（多处）。

据载，大沟"横阔二十余丈，深三丈五尺"，小沟"横阔八丈，深二丈有一奇"，几个闸门并列，所建闸门之大可想而知，数量十分可观。堰闸"闭纵有时"，六里陂陡门大小十余所，其中大者有六陡门、上福湄、后坂湄3处。六陡门有闸6间，主要放流于海，后坂湄有闸2间，水通下沟。陂塘由"陂长"分管，开闸放水由陂夫负责，皆有定规："上沟水深直有一丈，则放下一尺，水深五尺，则放下五寸，大率十分之一。"大大小小、系统有序

---

① 莆田县木兰陂水利南北洋海堤管理处编：《木兰陂水利志》，第51页。

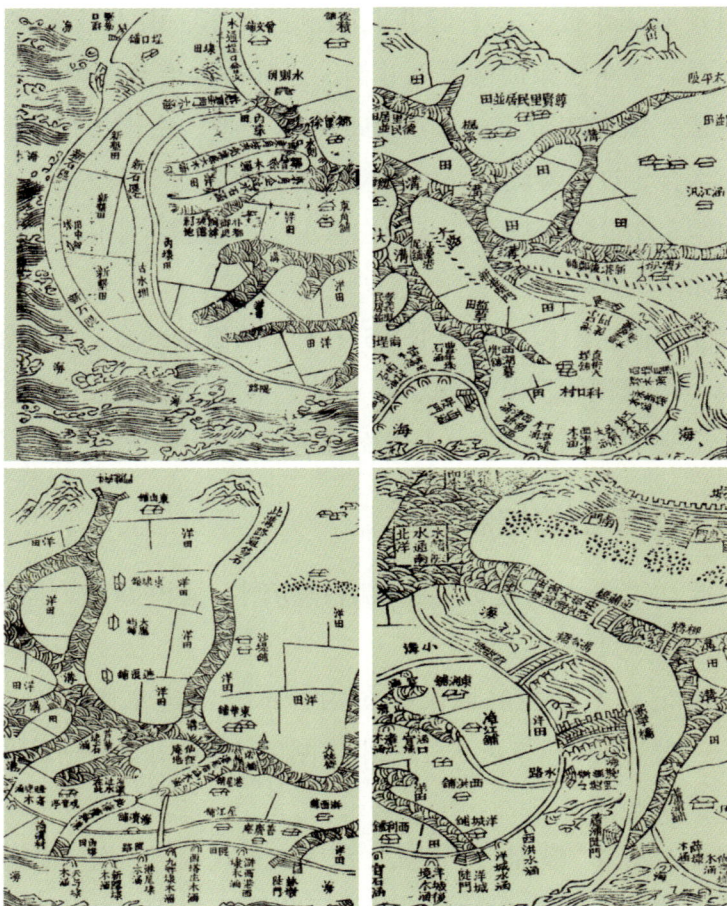

图 3-7　兴化平原水系、农田、水利工程分布图

的堰闸斗门形成完整的导水路，又有一套严格的陂塘堰闸管理制度，证明当时在技术上有相当的成就。

《兴化府志》载："南洋陡门大小四座，水则关一处，涵洞二十八口。"《莆阳水利志》卷二载："南洋通海陡门大小五座，荷包濑石闸三个，水则关一，涵洞三十六口。"经历年调查，唯涵洞剩下 14 口，其他相符。北洋旧有的陡门、涵洞，历史上记载亦不一。《兴化府志》载："北洋有大小陡门十四，泄六十口（即涵洞）。"《莆田水利纪略》载："北洋有陡门大小十座，官涵四十三口。"《莆田县志》载："北洋有陡门十三座，涵洞五十三口。"民国《福建通志》载："莆田北洋有大小陡门十二，水闸二，涵洞五十四口。"后经查明，北洋原有大小水闸16座，涵洞计54口。参考《木兰陂水利志》等记载，南北洋平原各水闸、涵洞控制工程情况分述如下：

（一）南洋沿渠水闸、涵洞

新中国成立以前，南洋沿渠所建陡门、涵洞等，历代记载不一。《兴化府志》卷五十三载：南洋大小陡门4座，水则关1处，涵洞28口。清乾隆《莆田水利记略》载：南洋大小陡门4座，关涵24口。清乾隆《莆田水利志》卷二载：南洋通海陡门大小5座，荷包濑石闸3个，水则关1处，涵洞36口。经调查，南洋原有大小陡门5座，荷包濑石堰3个，水则关1处，通海、通沟的主要涵洞28座。新中国成立后，新建一批水闸、涵洞（见表3-1）。

表3-1　　　　　　　　　南洋沿渠水闸、涵洞

序号	名称
1	郑板（即后廖）陡门
2	洋埕陡门
3	林墩陡门
4	东山陡门
5	港利沙田陡门
6	章鱼巷小陡门
7	荷包濑石堰
8	东山排水闸
9	宁海（桥兜）排水闸

序号	名称
10	港利水闸
11	遮浪排水闸
12	江东排水闸
13	洋埕港排涝闸
14	东乡控制闸
15	水则关
16	大小涵洞120座，主要有69座，分通海涵洞和进水涵洞两种 通海涵洞：埭里尾涵、后埭海涵、东甲东涵、阔口一涵、园上海涵、东甲西涵、阔口二涵、埭里海涵、东甲暗涵、古山一涵、东乡下埭涵、海滨下埭里涵、古山二涵、东山荔枝山涵、海滨尾涵、古山三涵、东山安边埭涵、海滨石涵、铺尾海涵、东山水电厂涵、江东九份涵、江东哪田里涵、下江头涵、西洪涵、江东青年涵、西利涵、清中涵
16	进水涵洞：安边进水涵、西前控制涵、铺尾进水涵、水筑关控制闸、新埭控制涵、港利进水涵、东花埭进水涵、关英亭控制涵、海尾进水涵、爱公桥进水闸、戈桶埭中涵、海尾新涵、戈桶埭进水闸、三帆顶进水涵、港利中涵、东洋进水涵、温头堰控制闸、港利尾涵、罗埭进水涵、下港二堰、西厝进水涵、邹北宗进水涵、桥兜搬运站边进水涵、北厝进水涵、大厝里进水涵、下埭门前控制闸、新厝进水涵、西埭进水涵、五埭控制闸、前面进水涵、下埭里进水涵、下埭宫边进水涵、白埕中涵、遮浪站边进水涵、门楼下进水涵、后社进水涵、十六份控制涵、安务顶进水涵、咸草亭进水涵、溜边进水涵、江尾埭进水滩、草安进水滩

（二）北洋沿渠水闸、涵洞

北洋沟渠沿线和南洋沿渠一样，自宋代以来建有许多陡门和涵洞，历代记载不一。《兴化府志》卷五十三载：北洋有大小陡门、泄60口（当时称涵洞为泄）。《莆田水利记略》载：北洋有陡门大、小10座，官涵43口。《莆田水利志》载：北洋有陡门13座，涵口53口。民国《福建通志·水利志》卷二载：莆田北洋有大、小陡门12，水闸2，涵洞54口。经调查，新中国成立以前，北洋沿渠原有大小陡门（水闸）16座，涵洞54口（见表3-2）。

表3-2　　　　　　　　　　北洋沿渠水闸、涵洞

序号	名称
1	荔浦陡门（水闸）
2	陈坝西湖陡门
3	港口小陡门（即港尾小陡门）
4	下港小陡门
5	新港陡门
6	慈寿陡门
7	上港陡门
8	新浦小陡门
9	小山小陡门
10	华严埭小陡门
11	白水塘通沟陡门
12	洋尾桥水闸
13	白墓桥石闸
14	陈桥涵坝排洪闸
15	田厝排水闸
16	阔口排水闸
17	红旗水闸
18	新溪溢流堰
19	大小涵洞157座，主要有99座，分通海涵洞和进水涵洞两种。 通海涵洞：鳌山涵、码头涵、涵中二涵、敖口一涵、鲸山后牌涵、跃进涵、涵中三涵、敖口二涵、鲸山西至涵、三江口涵、集奎一涵、陈桥涵、杨芳涵、新浦一涵、集奎二涵、东阳涵、哆中北涵、新浦二涵、集奎三涵、梧塘暗涵、哆中南涵、美尾一涵、后宫涵、东阳二涵、哆后北涵、美尾二涵、南埕一涵、东埭涵、哆后南涵、高美一涵、南埕二涵、南门港涵、盐场北涵、高美二涵、镇前一涵、后中涵、盐场南涵、涵中一涵、镇前二涵、前中涵、江边涵、南一涵、陡门下埭涵、南田涵、沟脚涵

序号	名称
19	进水涵洞：镇前通沟过路涵、西庭埭涵、港头前埭下埭涵、南埭涵、新浦沟头埭涵、西湖庄前涵、桐溪埭涵、西湖下浦埭涵、仓边埭涵、西湖西律埭涵、东会流水三埭涵、下面二埭涵、白墓东埭涵、仓前一埭岑前二埭涵、荷尾白墓西埭西征埭涵、仓前埭涵、下港埭涵、岭前一埭仓后埭涵、圣坝埭涵、后丁埭涵、西堤埭涵、后宫埭涵、方埠阿新埭涵、主管埭塘北埭涵、康泄埭涵、永新埭涵、五十分埭涵、丰年府州埭涵、黄新埭涵、大冬埭涵、吴塘埭涵、吴科口塘西征埭涵、东洋埭涵、吴科口埭塘、满月埭涵、必信埭涵、南门埭堤仔埭涵、东面埭涵、渡头过沟通路涵、下面埭涵、新浦黄埭涵、文宗埭涵、港尾涵、才贤埭涵、墓兜埭涵、郑埭涵、薛埭涵、尚书埭涵、三步埭吴埭周埭涵、半度亭土墓前通沟木涵、西林埭涵、岩崤郑埭涵、流下埭涵、北省埭涵

第三节　南北洋海堤

　　南、北洋海堤，位于莆田市木兰溪下游兴化湾畔，以木兰陂为界分南、北堤，全长 87.48 千米，其中南洋海堤长 36.73 千米，北洋海堤长 50.75 千米（含涵江港 14.93 千米）。沿堤设有挡潮闸（又是排洪闸）17 座 57 孔，最大排洪量为 1153 立方米 / 秒，涵洞 82 座，丁坝 131 条，保护兴化平原莆田县和城厢、涵江两区 12 乡镇 50 万人，耕地面积 13600 公顷（截至 1997 年）。

　　南、北洋海堤历史悠久。史载，南洋海堤于唐元和八年（公元 813 年）由观察使裴次元创建。北洋海堤略早于南洋，约建于唐建中年间（公元 780—783 年）。南、北洋海堤历史上曾经为南、北洋人民抵挡潮灾、发展经济发挥了重要作用。直至 1949 年前，南、北洋海堤因长期失修，御潮能力很差。新中国成立后，人民政府对南、北洋海堤进行整治和除险加固，坚持一年一度在秋汛大潮前加高培厚，南、北洋海堤御潮能力大大提升（见图 3-8）。根据

《木兰陂水利志》等，南、北洋海堤工程概况分述如下：

图 3-8 海堤工程

一、南洋海堤

南洋海堤全长 36.73 千米，分为东山、镇海、海滨、江东、桥霞、洋埕、港利、郑坂等 9 个地段，其中，已基建段 18 千米，未基建段 10.48 千米，防洪堤 8.22 千米。沿堤建筑物有挡潮闸 8 座 22 孔，涵洞 25 口，丁坝 41 座，保护地区有 5 个乡镇 77 个村，人口 20 万，农田面积 7333 公顷（截至 1997 年）。

二、北洋海堤

北洋海堤全长 50.75 千米，分布在城厢区的城郊乡，涵江区的白塘镇、三江口镇，现分为望江段、盐场段、三江口段、南埕段、镇阳段、荔浦段、坂头段、荔浦港、涵江港等 9 大段。其中，已基建段 19.75 千米，未基建段 31 千米，防洪堤 4830 米。沿堤建筑物有挡潮闸 9 座 35 孔，涵洞 57 口，丁坝 90 座，保护地区有 81 个村，人口 22 万，农田面积 6000 公顷（截至 1997 年）。

南、北洋海堤分段工况见下表 3-3。

表 3-3

南北洋海堤分段工况表

起止堤段	堤长	形制
南洋海堤		
自兴福里东山陡门东边楼下堨起，至今湾翁石阜堨止	九百九十五丈一尺	地基宽五丈或四丈，面宽一丈，高低不等
东山陡门西畔落仔堨起，至鹅脰庵连江里接界止	七百三十丈	地基宽六丈或五丈，面宽一丈，高低不等
东甲至遮浪	约长一里，计长二百丈	地基宽六丈或五丈，面宽一丈，高低不等
遮浪新庄堨、十三分堨、曲弯堨、厝后堨	七百六十一丈二尺	地基宽六丈或五丈，面宽一丈，高低不等
海边村自遮浪头新庄堨沟起，至港东后江西塔堨止	八百九十六丈四尺六寸	——
埕江自海边叶厝堨起，西至船堨尾船湾止	三百七十三丈八尺	地基宽五丈或四丈，面宽一丈，高低不等
港东西边至林墩陡门止	约长一里，堤长二百余丈	地基宽三丈或二丈，面宽一丈或八尺，高低不等
林墩陡门至港西	约长一里，堤长二百六十丈	地基宽三丈或二丈，面宽一丈或八尺，高低不等
港西周遭西折起，至宁海桥南岸止	约长一里半，堤长四百二十丈	地基宽四丈或三丈，面宽八尺或六尺，高低不等
宁海桥南岸之西，历下江头，至下堨止	约长二里许，堤长五百四十丈	地基宽三丈或二丈，面宽七尺或六尺，高低不等
莆田里下堨以西，历游堨至西江	约长四里，长九百六十丈	地基宽三丈或二丈，面宽六尺，高低不等
西江至清浦西沟	长约一里，堤长二百八十丈高低不等	地基宽三丈或二丈，面宽六尺
西沟尾至国清里洋城地方	约长一里半，堤长四百四十丈	地基宽三丈或二丈，面宽六尺，高低不等
国清里洋城陡门起，至堨仔陡门止	约长一里，长二百六十丈	地基宽三丈，面宽八尺，高低不等

起止堤段	堤长	形制
南匿里章鱼港起，至白埕止	约长四里，堤长九百二十丈	地基宽三丈或二丈，面宽八尺，高低不等
胡千米古山陈使埭起，至熙宁桥头止	约长二里，堤长五百六十丈	地基宽三丈或二丈，面宽六尺，高低不等
熙宁桥上历何厝，至三涵止	约长一里半，堤长四百八十丈	地基宽二丈，面宽八尺，高低不等
维新里后廖至郑坂止	约长一里半，堤长四百八十丈	地基宽三丈或二丈，面宽六尺，高六尺
北洋海堤		
自待贤里江口桥南岸起，至新丰埭止	约长一里，堤长三百八十丈	地基宽二丈，面宽八尺，高低不等
新墩起，至南隐庄陡门止	约长一里半，堤长四百八十丈	地基宽一丈六尺，面宽六尺，高低不等
南隐庄陡门西起，至永丰里下蔡东止	长不及里，堤长二百丈	地基宽一丈六尺，面宽六尺，高低不等
永丰里下蔡东起，至下刘至	约长一里，长二百八十丈	地基宽二丈，面宽一丈，高低不等
望江里江墩陡门南起，历洋中路半亭，至桐模止	约长五里，长一千三百八十丈	地基宽二丈，面宽六尺，高低不等
延寿里端明陡门东起，至柴板桥止	约长一里，长三百二十丈	地基宽二丈，面宽八尺，高低不等
新港陡门东岸，历至港头止	约长一里，长三百一十丈	地基宽二丈，面宽六尺，高低不等
仁德里新港陡门西岸起，至利墩止	约长半里，长一百七十丈	地基宽一丈，面宽五尺，高六尺
利墩起，至港尾止	约长半里，堤长一百八十丈	地基宽一丈，面宽五尺，高六尺

起止堤段	堤长	形制
孝义里新桥南岸东起，历大西埕、后宫、下蔡、南埕至宁海桥北岸东止；宁海桥北岸西起，历鲎扈、镇前、三步、吴塘止；新桥南岸西起，历西湖、陈坝陡门止	约长十三里，孝义里地界，共计堤长二千八百一十二丈四尺	地基宽三丈或二丈，面宽八尺或六尺，高低不等
延兴里自接孝义里吴塘起，至东洋	堤长二百三十丈	地基宽一丈二尺，面宽四尺，高低不等
东洋起至港边止	约长一里，堤长二百四十五丈	地基宽一丈四尺，面宽三尺，高低不等
港边起至南箕止	约长二里，堤长四百八十六丈	地基宽一丈五尺，面宽五尺，高低不等
南箕起至芦浦陡门止	约长二里，堤长五百四十丈	地基宽一丈四尺，面宽五尺，高低不等
芦浦陡门兜起，至月峰庄止	约长二里，堤长四百九十丈	地基宽一丈二尺，面宽四尺，高低不等
月峰庄起，至楼前社东厢地界止	约长一里，堤长二百五十四丈	地基宽一丈八尺，面宽七尺，高六尺或七尺

第四节　工程影响及效益

木兰陂的创建以及此后900多年的运行，对兴化平原的开发和莆田经济文化的发展有着重大作用和不可低估的历史贡献。在未建木兰陂之前，兴化湾海潮溯木兰溪而上，可直涌至仙游县的林陂（古称灵陂），溪水无拦无蓄，遇洪则泛，海潮上涌横流，遍地皆碱。历代文献资料中对莆田兴建木兰陂之前的自然环境有这样的文字记载：

闻莆田壶公洋三面濒海，潮汐往来，潟卤弥天，虽有塘六所，潴积浅涸，不足备旱暵，岁歉无以输官，民则转徙流移矣。[①]

唐中期以后，随着东南沿海的逐渐开发，福建人口快速增加，农业经济迅速发展。邑人吴兴创建延寿陂；唐元和八年（公元813年）观察使裴次元主持修筑红泉堰并填筑镇海堤（今东甲堤）。唐末中原动乱，大批移民向东南迁徙，木兰陂就是在这样的社会背景下应运而生的。木兰陂的兴建，使兴化平原能有效地抵御洪、潮灾害，使充沛的木兰溪水得到有效的利用，使南洋数万顷农田由贫瘠盐碱地变成良田；同时，开渠筑堤和泄洪设施的建设，保障了农业灌溉，维持着木兰陂灌区良好的生态环境。

一、促进兴化平原的开发

莆田原来是长满蒲草的滩涂，而木兰陂的兴建，促进了兴化平原的开发，使这里发生了沧海桑田般的改变。曾经的"莆地斥卤"，由于灌溉成为稻田阡陌、花果飘香的沃土，农业生产力大幅度提高，耕地面积不断扩大。

（一）农业生产力大幅度提高

史载，木兰陂建成后，"计其所溉，殆及万顷，变潟卤为上腴，更旱暵为膏泽……自是南洋之田，天不能旱，水不能涝""南洋斥卤化为上腴""于是，瘠薄之田，皆为沃壤，民粒公赋，实两赖之""兴化军储六万斛，而陂田输三万七千斛。南洋官庄尤多，民素苦歉。由是屡稔，一岁再收，向之篓人（贫人），皆为高赀温户"。[②]

① ［宋］林大鼐：《李长者传》，载《莆田水利志》卷七《传记》，第673页。

② 水［宋］谢履：《奏请木兰陂不科圭田疏》，引自莆田市图书馆藏清代十四家本《木兰陂集》，木兰溪建设管理委员会译，第16页。

可见，木兰陂建成后，兴化平原改单季种植为两季种植，由此农田种植产量提高，农业经济收入增加，这是一次跨越式的效益增收。此后，兴化平原土地肥沃，灌溉方便，粮食连年稳产高产，成为莆田乃至福建省粮食生产的基地，极大地推动了莆田经济的发展。元朱德善在《木兰陂》诗中说："雨过木兰瑶草长，秋深松柏翠云齐。仁波千载犹滂沛，到处春田足一犁。"郭沫若《途次莆田》有"金覆平畴碧覆堤"，谢觉哉有"麦子平铺青似绣"。这些正是开发后兴化平原农业生产面貌的真实写照。

如今，木兰陂灌溉工程具有灌溉、供水、养殖、水运等水利综合功能，其效益主要体现在以下几个方面：

（1）农业灌溉。木兰陂水利工程的显著效益，就是为农业生产提供水源保证。木兰陂灌区有效灌溉面积9133公顷，保灌面积7000公顷（截至1997年）。

（2）工业供水。木兰陂灌区每年的工业供水量达到2.12亿立方米（截至1997年）。

（3）淡水养殖。南北洋沟渠有1467公顷的水面积，是天然的淡水养殖场，灌区内拥有养鳗场56家，养殖面积495公顷，年产鳗4411吨，创汇2261.4万美元（截至1997年）。

（4）生活用水。南北洋沟渠遍布，总蓄水量达3.1亿立方米，相当于一个中型水库。它不但为当地工农业生产提供水源，而且满足本地群众生活用水。

（二）围海造田

木兰陂建成后，兴化平原的自然环境得以改善，农业生产状况得以改观，区域经济社会快速发展。人口的大量增加，致使当地需要更多的良田耕种，于是莆田先民不断地与海争地，进行围海造田，扩大耕地面积。如今南洋平原中带"埭"字的地名多是当时围海造田形成的。如"东埭"，因是自西向东的最后一道围埭津，故名；"七埭里"，说明这一带至少有七次围埭；"下埭"则是自上而下、最靠海边的一道围埭。此外，还有"游埭""前埭""后埭"等，均是当时围埭而形成的村名和地名。朱维幹《莆田县简志》说："今所谓南北洋平原，古代均在海中，先民与海力争，而后有今日之沃野。"[①] 正是由于莆田人民不断围海造田，才有了如今居福建省第三位的富饶的兴化平原，面积约 464 平方千米。

至 2004 年，木兰陂灌溉区拥有泄洪闸 17 座 57 孔，排水涵洞82 座，控制闸 24 座，丁坝护岸 91 座，使荔城区、城厢区、涵江区、秀屿区 16 个乡镇 203 个行政村受益，灌溉农田面积 10867 公顷，有效灌溉面积 9133 公顷，保灌面积 7000 公顷。南、北洋海堤保护耕地面积为 13333 公顷，人口约 80 万人。[②]

（三）发展经济作物

木兰陂引木兰溪丰富的水源，不仅使农业得到较大发展，而且也促进兴化平原成为综合农业开发区，推动莆田经济作物种植业的发展，如荔枝、龙眼、甘蔗、枇杷、李、栗、麻、薏米、柑橘、茶叶等，在宋代都有较大的发展，种植规模越来越大，产量和品质不断提高，有些品质享誉国内。特别是荔枝，由于有了这些纵横交错的沟渠，得以在更多地方种植，出现了"烟火万家，荔荫十里"的景象。其优良品种不断推出，远播国内外，被誉为"果中皇后"，莆田因此又雅称"荔城"。

---

① 朱维幹著：《莆田县简志》，第 58 页。
② 莆田市地方志编纂委员会编：《莆田市志》卷十八《水利电力》，第 1175 页。

二、促进水上交通运输网络的形成

莆田市地处闽中，但直至清末交通仍然十分落后。当地人外出靠步行，农副产品、土特产品输出要靠肩挑，极大地阻碍了莆田经济发展和社会繁荣。北宋莆人方天若在《木兰水利记》中说："陂成而溪流有所砥柱，海潮有所锁钥；河成而桔槔取不涸之流，舟罟收无穷之利。"

木兰陂建成后，纵横交错的河沟形成四通八达的交通运输网络，解决了莆田人民生活、劳动、农业、工业、商业、贸易等方面交通运输困难的问题，为促进莆田经济和社会发展发挥了不可低估的作用。

（一）解决南北洋农民生产和生活所需的交通运输问题

南北洋丰富的沟渠构成了南北洋航道，莆人俗称"九十九沟"。木兰陂下游南、北洋支渠航道总长约 400 千米，通航河道 381 千米，其中南渠长 161 千米，北渠长 220 千米，全年可供 2—4 吨级船只通航，极大地解决了当地农民的农业生产资料、建筑材料和粮食庄稼的运输问题。这种沟船，也是农民日常往来的客运交通工具。如 1949 年以前莆仙戏戏班来往南、北洋各地演出，靠的就是这种沟船作为交通工具，穿梭于南北洋沟渠里，故当地人又称其为"戏船"。在沟船鼎盛时期，南洋的"华东村"（今黄石镇华东、华中和华堤三个村）就有沟船 100 多只。

（二）解决莆仙之间货物运输问题

莆田至仙游水上交通几百年来主要靠的是木兰溪航运。从涵江逆流而上，顺内航道可上溯华亭、杉尾、石马、坝下，达仙游城关，全长 62.5 千米。陂头以上的中游可通航 2—3 吨溪船，下游可通航 3—4 吨溪船。这种行驶在溪上的船好像木梭一样，特点是船身长，船底平，两头尖，吃水浅，出水快，用力较少，适宜在溪滩急流中行驶，故称溪船。木兰陂的建成，提高了木兰溪水位，加快了溪船行驶速度，缩短了莆田至仙游航运的航程时间，促进两地物资交流，运输能力和效率都比人、畜力陆运提高了数十倍。

进一步促进莆田溪海联运，提高对外贸易交通发展。木兰溪入海处的三江口，一边直通兴化湾，一边可达莆田商业重镇涵江，因而形成三江口港。木兰陂建成后，莆、仙两县的货物多由溪船航运至此港口集散，直至国内沿海各省的港口和国外一些通商口岸。而海外运回的物资，又通过木兰溪航道和南北洋航道运送至南北洋各乡和仙游。现今保存在元妙观三清殿东厢的《祥应庙记》碑，就是宋代莆田对外贸易交通最真实的写照。

木兰陂哺育着兴化儿女，孕育了莆田文化，见证了唐宋时期中国南方人口增加、农业快速发展的历史。900 多年的运用，衍生了丰厚的灌溉文化，并融入工程和用水管理的每一环节。

第四章　灌溉工程遗产

2014 年，木兰陂申报入选国际灌排委员会首批世界灌溉工程遗产，反映出其突出而独特的历史文化科技价值。本章系统介绍木兰陂作为灌溉工程遗产的构成体系、特征价值并评价其遗产标准。

第一节　遗产构成

木兰陂灌溉工程遗产主要由工程设施遗存及相关文化遗产构成。

一、灌溉工程设施遗存

历史灌溉工程设施遗存是木兰陂灌溉工程遗产的核心和主体构成，主要包括木兰陂灌溉工程体系和南北洋海堤。

（一）木兰陂灌溉工程体系

木兰陂灌溉工程体系包括渠首枢纽、灌排渠系、闸涵等控制工程，它们构成有机整体，共同保障木兰陂灌溉功能的完整发挥。

1. 渠首工程

拦河坝是木兰陂的主体工程，坝上游流域面积 1124 平方千米。陂长 219 米，由溢流低堰闸和重力坝组成。靠南的堰闸长 113 米，陂高 3.65 米，坝身上原先分设 32 孔，后来堵去南端 2 孔、北端 1 孔，现存 28 孔堰闸和 1 孔砂闸。堰闸孔宽 2.1 米到 2.4 米，总宽 70.4 米，使用木闸板控制所需水位，可蓄可排。闸墩长 5.5 米至 6 米，宽 0.9 米。墩高在上游为 0.7 米，下游高 1.4 米至 2 米。上游坦水长 12 米，形成缓坡式，稍向上游下斜；下游坦水砌成台阶跌水形式，长 21.5 米至 32 米不等。堰闸坝横断面长度在 40 米至 50 米之间。陂的南端设冲砂闸，闸宽 4.2 米，闸底比其他堰闸孔低 0.5 米，以利排砂入海，防止淤塞南洋进水口。靠北的重力式坝型，长 138 米，坝外坡砌成台阶式，坝顶比堰闸坝墩顶略高，且与呈三角形状的陂埕连成一体。

为了保护两岸不受冲刷，引导流向，设置三条导流堤。陂南一条，介于南洋进水闸（迴澜桥）干渠首段与拦河坝、下游港道之间，堤长 277 米，导流堤内外两侧岸墙均用长条石丁顺交叉分层叠砌，堤中夯填黏土，上填一层白灰三合土，顶面再用石板铺砌成为"陂埕"。陂北有两条：一条长 113 米，用条石丁顺分层砌筑，上连北洋进水闸（即万金桥），下接北陂埕顶端；另一条位于重力坝和堰闸坝之间，堤长 56 米，与溪流同向，底宽起端 6 米，末端 4 米，顶宽均为 2.6 米，用条石浆砌。据传说，下游港道在历史上曾发生走向变迁东移，在离陂下游 300 多米处的南岸滩地上，至今留存条石护岸 100 多米的残迹。

木兰陂主体工程规划设计合理，所确定的陂顶高程也是适宜的，既可挡潮，防止海水涌入，又能最大限度满足灌区蓄水、引水的需要，具有挡潮、溢洪、灌溉、通航等综合利用功能。在工程结构、砌筑技术方面更有独特之处，整座均用花岗岩条石分层交叉砌筑。目前木兰陂渠首工程总体保留历史形式、布局、结构与材料工艺。

相传木兰陂是建在磐石基础上，因此工程牢固如初。1986年春，为了查明建陂地基状况和坝基漏水问题，工程人员在陂身上取五个断面进行钻探，结果探明木兰陂是建造在软土之上。堰闸坝砌体下均为淤土、细砂、砂卵石等物堆积而成的软基，深6—11米才到强风化岩层。当时施工采用"换砂"办法改善地基：表层淤泥深挖2.5—3米，用砂砾料回填，增强基础承载应力，靠坝的两端则夯填红黏土为基，从而保障堰闸坝较均匀沉实。又查坝体条石是使用白灰、糯米、红糖浆和黄土拌和的胶合料浆砌的。经试压，其抗压强度在干燥时达62.4公斤/平方厘米，饱和状态为38.8公斤/平方厘米，相当于现在强度40—60号水泥砂浆标准。陂身外观虽有明显不均匀沉陷及裂缝，然而经历九百多年来千百次洪水的冲击，至今仍完好地屹立在木兰山下，为10多万亩农田灌溉和40多万人民的生活提供用水。木兰陂是莆田人民高度智慧的结晶和伟大创业的历史见证。

2. 渠系工程

木兰陂渠系工程包括南洋渠系和北洋渠系，基本保留历史格局。

南洋渠系自木兰陂渠首南侧的迥澜桥进水闸引水，灌溉南洋平原4个乡镇77个村庄，目前灌溉面积7.3万余亩。历史记载南洋渠系分上、中、下三段，主支"大沟"为自然通海港道，分支"小沟"均为人工沟道，目前渠系基本保持历史格局。又据县志载，南洋干渠系由十四姓大户（三余七朱陈林吴顾）毁私田开挖的，随后又倾家资，并募乐助捐，共得钱七万余缗，建成洋埕、林墩、东山陡门（排涝闸，和东山石涵1所、东南木涵29口，解决了尾泄之虞。

北洋渠系自木兰陂渠首北侧的万金陡门引水，是元代拓展建设，与南洋渠系的引水比例为 3 : 7。北洋渠系有主支"大沟"4 道、分支"小沟"若干，总体保留历史格局。

木兰灌区输水渠道纵横交错、迂回曲折，构成南北洋河网沃野。沟渠水域面积共 2.2 万亩，可蓄水 3100 多万立方米，除解决农田灌溉外，又满足生活用水所需；况且水运四通八达，利用淡水养鱼，水面种菱角，北洋片沟道沿岸还广栽荔枝，千百年来，南北洋农、工、副、渔等业得到蓬勃发展，从而成为今日莆田富庶之区。

3. 控制工程

南北洋渠系上的控制工程主要包括各类陡门、涵洞、堰闸等，不同朝代续有更替，主要控制灌区内的引水、节制、分水、排水等。南洋渠系现存古陡门闸堰 9 处，古涵洞 14 处。北洋渠系现存古陡门闸堰 16 处，古涵洞 54 处。

1994 年之后，为了提升引水、灌溉、排涝能力，地方政府在木兰陂灌区又陆续新建各类控制工程 200 多座，保障能力大大提高。

（二）南北洋海堤

南北洋海堤是南北洋平原农田安全的重要保障，因此也是木兰陂灌溉工程遗产的重要组成部分。"沿海设堤，所以捍潮汐也。田至此而止，水至此而尽，故终之以堤云。"[1] 南北洋曾经是海浪吞没的地方，后来才逐渐地变成陆地平原。当然，其间演变过程是极其复杂和漫长的，地理变迁、海域缩小都是不可忽视的重要因素。但是南北洋之所以会成为莆田富庶膏腴，其主要原因是海

---

[1] 石有纪修，张琴纂：《民国莆田县志》卷二十《水利志》，载《中国地方志集成·福建府县志辑》第 17 册，第 53 页。

堤的建设。明《弘治兴化府志》载：

> 海堤未筑，潮水西泛至山脚而止，此时思见平土，何可得也？及潮水渐退，水草杂交，沮洳斥卤，欲望为田，何可得也？自唐长官吴兴筑海为堤，以开北洋之利，及唐观察使裴次元筑海为堤，以开南洋之利，于是人始得平土而居之。①

莆田地区在唐中叶就进行了两次较大规模的塍海筑堤和建陂立坝的活动。一次是唐建中年间（公元780—783年），吴兴在城北七里的渡塘，筑堤为田，同时在延寿溪下游修建延寿陂，溉田四百余顷；一次是元和年间（公元806—820年），观察使裴次元在南洋的黄石筑堰潴水，垦田三百三十二顷，岁收数万斛，并在东角遮浪海边筑堤遏潮。各段海堤及其建设情况附录如下：

1. 东角遮浪镇海堤

东角遮浪海堤在城区东北方，前临兴化湾，是首先受到潮水冲击的地方。《莆田水利志》载："东角遮浪，地势最低，无山遮蔽，海堤之险潮击于外，水荡于内也。"② 这表明东角遮浪海堤外受潮水冲击，内受清水淘刷，此处海堤的修建极为关键，受到历代统治者的重视。

唐元和八年（公元813年），观察使裴次元在当时莆田县界黄石红（亦作洪）泉筑堰潴水，垦荒地为田三百三十二顷，岁收数万斛，并在东角遮浪海边筑堤遏潮。③

①［明］周瑛、黄仲昭著：《重刊兴化府志》卷五三《工纪二·水利志上》，第1372页。

②国家图书馆分馆编：《中华山水志丛刊·水志》卷一九，北京：线装书局，2004年，第102、103页。

③国家图书馆分馆编：《中华山水志丛刊·水志》卷一九，第99页。

明洪武二十年（1387年），江夏侯周德兴拆石堤用来砌筑平海、莆禧二城，之后仅用泥筑堤。明洪武三十年（公元1397年），由于堤被潮水冲毁，当地有个名叫朱存仁德高望重的老人，赴京建言，于是朝廷派上差林汝辑和通判董彬协助修堤。明永乐三年（公元1405年），土堤再次溃决，当地有名望的老人林孟达再次赴京建言，朝廷依旧派人协助修堤。明永乐四年（公元1406年）堤再次毁坏，当地百姓黄元礼起工监督修堤，但因为此次修筑地基不平整，导致在明成化六年（公元1470年）海堤又被潮水冲毁。知府申文安抚百姓，募集全县民夫七千余人修筑海堤，之后时有修治。明成化十六年（公元1480年）八月，飓风袭击海堤，堤再次溃决，知府刘澄前去查看现场，并召集民夫协助修堤。明成化二十三年（公元1487年）海堤又溃决，知府申文、御史董复委、同知桂籍亲自监督并主持修堤事宜。明弘治三年（公元1490年）海堤再次被毁，同知朱梅负责供给筑堤工人的工食，每人稻一石，银五六两。当年飓风再次袭击海堤，导致海堤崩坏，当地老者谢养上报申请雇佣民夫修堤。明嘉靖十三年（公元1534年）海堤又坏，知府黄一道在海堤受到潮水冲击最险要的地方修筑天地玄黄四处护堤石矶，护堤采用巨木杂竹做骨架，中间用碎石填充，作为抵御潮水冲击的第一道屏障，以杀水势。又在护堤后修筑海堤，但是在此次修筑海堤未完成之前，知府黄一道便辞官而去，同知谭铠为最终负责完成修堤事宜。东角人修建崇勋祠、遮浪人建功德祠并为黄谭二公塑像祭祀。明嘉靖二十九年（公元1550年）东角、土石二堤毁坏，推官张渊负责审查修筑海堤，海堤筑成之后，开仓赈济、救助灾民并减免秋粮。明嘉靖四十三年（公元1564年）城被攻破，流民四处，战乱时期海堤由于缺乏有效维护，再次被

海浪冲决，海水涌进城邑。御史林润上疏请求国库拨款修治陂塘、陂门、海堤。巡按李邦珍和知县莫天赋根据实际情况估算可结算工费约四、五千金，且东角、遮浪为沿海海堤中最为险要的地方。因此，国库拨款千金，采用丁顺叠砌的方式修筑，使得海堤抵抗海潮冲击的能力大大增强。明万历六年（公元1578年）遮浪海堤被毁，莆田人尚书郭应聘请巡按龙尚鹏利用郡羡邮金四百两和堤田银六百两委托通判许培之监督修堤，共计四百二十丈，并修筑石矶一处以杀水势，邑人给事中郑茂为之记。明万历十六年（公元1588年）东角堤被毁，本地人知县谢应典等呈请御史邓炼动拨款五百七十五两，并会同知县孙继有重修东角海堤，此次修筑共计四百八十二丈二尺。明万历十九年（公元1591年）知县孙继有申请拨款一百六十两，用于加筑海堤。当地百姓感念其功德，为其塑像并放置于崇勋祠中。明万历三十年（公元1602年）遮浪海堤毁坏，知府李茂功报请巡抚金学曾请求使用备赈银四百八十两，用于重修海堤并新增石矶护堤一处。

清顺治十六年（公元1659年）九月十三日飓风大作，东角海堤被冲毁，海水入侵，晚禾绝粒。清康熙二年（公元1663年）因朝廷下旨迁界禁海，修筑界墙，从宁海东畔起至塘下止。清康熙八年（公元1669年）展界、斗南、东埭等九乡共同筑内堤自东埭北接大孤屿南抵邹会徐。清康熙二十一年（公元1682年）民复故里，唯有东角遮浪两处地段因为堤工浩大未能兴筑，两乡民众于东华大孤屿后逐渐修筑内堤，并开垦土地。清雍正十三年（公元1735年）知府苏本洁奉旨劝课农桑、开垦荒地并捐献自己的俸禄用来砌筑海堤，堤内开垦埭田七百余亩。举人郭春卿，副贡生彭南金、举优行、方大年捐金倡募，绅士里民踊跃捐款。此次修筑的海堤高九尺，底层宽五尺，面宽三尺，长一千一百丈，又重修东、西两座石涵用以潴泄，全部工程历时三年竣工。清乾隆十七年（公元 1752 年）八月初三日大风，初四日海溢堤溃，海水涌入南沙堤等村落，沿海禾薯全部被毁。清乾隆三十九年（公元 1774 年）八月再次海溢堤溃，禾稼尽毁。清乾隆四十五年（公元 1780 年）海堤再次被冲毁，原旧有西涵溃决，青龙港乡民众移高筑堤，并重新改修西涵。清乾隆五十五年（公元 1790 年）海堤溃决，原旧有东涵也被冲毁，乡民移高筑堤，并重新改修东涵。清乾隆五十九年（公元 1794 年）秋，海溢堤溃，禾薯全部被海水冲毁，当年发生大饥荒，百姓受饿。清道光七年（公元 1827 年）七月二十九日夜，风涛大作，东角遮浪海堤共计损坏八百余丈。知县王廷葵征发南洋下洋民夫数千人抢修八天完成堵口，随后于九月兴工填青龙港五十丈。道光八年（公元 1828 年）五月修筑与石堤相连的土戗，又筑临沟水埠内堤，以障溪水。九月采石十一万五千块用作护堤石料，每块重二百斤，于壳港新添石矶一处，规制详备。此次修堤共计石堤长一千一百十四丈，高一丈一尺，底宽七尺，面宽四尺；青龙港地势低下，极为险要，修筑底宽一丈，面宽四尺，高一丈二尺；东涵砌石十一层，长六丈二尺五寸，底宽二丈二尺，面宽一丈八尺三寸，涵口高五尺五寸，宽二尺五寸，涵孔直径二尺；西涵砌石十三层，长七丈三尺五寸，底宽二丈三尺，面宽一丈九尺，涵口高五尺五寸，宽二尺五寸，涵孔直径二尺；东头一百丈地势略高，且非受海潮直接冲击的地段，底宽六尺，面宽四尺，高九尺到七尺不等，与中间段海堤面平；西头三百丈地势渐高，且非受海潮直接冲击的地段，底宽六尺，面宽四尺，高一尺到七尺不等，与中间段海堤面平。此次海堤修筑由总督孙尔准、巡抚韩克均主

持，兴化府徐鉴督率，通判袁鸿、知县王廷葵负责经理此项工程，邑绅陈池养参与全部工程。

另此次修筑海堤工程各项章程都比较完备，现记述如下：

石堤砌筑章程：堤身共计十一层，高一丈一尺。第一层即底层，堤宽七尺，采取丁式砌筑；第二层、第三层，堤宽六尺五寸，采取下顺上丁砌筑；第四层、第五层，堤宽六尺，采取下顺上丁砌筑；第六层、第七层，堤宽五尺五寸，采取下顺上丁砌筑；第八层、第九层，堤宽五尺，采取下顺上丁砌筑；第十层，堤宽四尺，采取下顺上丁砌筑；第十一层即顶层，堤宽四尺，采取丁式砌筑，全部外堤收二十四寸，边坡比为 24：11、全部内堤收六寸，边坡比为 6：11。

沿海险要地段底层宽八尺，青龙港和庙后新建立地基处，在地基处钉椿木，底层用石宽一丈。若沿海海堤堤根处于土质疏松地段，先在堤外钉排桩，再在排桩内放置竹络实块石，每个竹络长八尺，宽四尺，高三尺，丁顺铺放。原只在堤外抛石护堤，但受潮水冲击碎石大多随之冲走，此处筑堤先于堤外钉两排木桩，每个木桩直径不能少于一尺，长度不能短于一丈，将石抛于排桩内，则稳定程度大幅度增强。江浙海塘土石相连，前面为石堤，后面为土戗。但莆田此处海堤与江浙不同，陈池养《莆田水利志》载："浙塘土石相附为一，该处外障海潮，内障溪水，宜土石相离，各自为固。"[1]

然而在实际施工中仍旧照江浙海塘土堤石堤相连，另筑水埠内堤用来阻挡溪水。

---

[1] 国家图书馆分馆编：《中华山水志丛刊·水志》卷一九，第 101 页。

估计堤工每丈用石：堤身共计十一层，高一丈一尺，每块石头一尺一寸见方。第一层采取丁式砌筑，设计用石七丈，实际按九折折算，用石六丈三尺；第二层采取顺式砌筑，设计用石六丈五尺，实际按九折折算，用石五丈八尺；第三层采取丁式砌筑，设计用石六丈五尺，实际按九折折算，用石五丈八尺；第四层采取顺式砌筑，设计用石六丈，实际按九折折算，用石五丈四尺；第五层采取丁式砌筑，设计用石六丈，实际按九折折算，用石五丈四尺；第六层采取顺式砌筑，设计用石五丈五尺，实际按九折折算，用石五丈；第七层采取丁式砌筑，设计用石五丈五尺，实际按九折折算，用石五丈；第八层采取顺式砌筑，设计用石五丈，实际按九折折算，用石四丈五尺；第九层采取丁式砌筑，设计用石五丈，实际按九折折算，用石四丈五尺；第十层采取顺式砌筑，设计用石四丈，实际按九折折算，用石三丈六尺；第十一层采取丁式砌筑，设计用石四丈，实际按九折折算，用石三丈六尺。堤长一丈实际用石五十五丈，全堤共计长一千一百十四丈，共计用石六万一千二百七十丈。修筑东西两处石涵用石三千丈，此次修筑全部工程共计用石六万四千二百七十丈。

派船分运各船石料：此次海堤修筑所用的石头按路程远近分为三种：最远、次远和最近。最远取石于福清界大武、青屿、圭湾、南湖、牛头等山，每石一丈，每船运价二百文，如果每月送达石料四次，则赏银一元；送达石料五次，则赏银三元；送达石料六次，则赏银五元；送达石料七次，则赏银八元。次远取石于大蚶山，每石一丈，每船运价一百八十文，如果每月送达石料五次，则赏银一元；送达石料六次，则赏银二元；送达石料七次，则赏银四元；

送达石料八次，则赏银六元；送达石料九次，则赏银八元。最近取石于白鹭、埕口等山，每石一丈，每船运价一百五十文，如果每月送达石料十一次，则赏银一元；送达石料十二次，则赏银二元；送达石料十三次，则赏银四元；送达石料十四次，则赏银六元；送达石料十五次，则赏银八元。每船载石三十丈以上，额外加赏，二十丈以下按八折计算，十丈以下则减半处理。

估计工料：每堤一丈用壳灰二十二担（每担一百斤），全堤共用二万四千五百八十担；每堤一丈用红土六十担，全堤共用六万六千八百四十担；每堤一丈用长一丈八尺松木三十根，全堤共用三万三千四百八十根，圆竹络八百个，长竹络三百个，碎石五百载。每堤一丈用匠工八十人，其中大工四十，小工四十，用以钉椿、砌石和抹灰。

以上章程皆委员陆我崇所定，后修筑时根据实际情况略有改变。

民国八年（公元 1919 年）海堤由于年久失修，渐渐破损，灰土被潮水冲刷，致使堤身多处破漏。此时正值南北战乱交兵时期，修堤一事不了了之。英国传教士华实在莆田募捐修堤。

2. 南洋埕口海堤

埕口古海堤长九百九十五丈，内有田一千余亩，东张、后积、普文三村计亩均分。清初迁界禁海，海堤倾颓破败，只存基址。清雍正十三年（公元 1735 年）知府苏本洁奉旨开垦土地、劝课农桑，并命令当地百姓共一百四十一家自修土堤，官府按照每户所修堤长拨款补贴，其石堤官为捐砌，共用银一千三百多两，全部工程于清乾隆元年（公元 1736 年）竣工。

3. 北洋杭口海堤

杭口堤在南厢杭头，木兰陂水分入北洋沟渠，临近大海处。明正德年间（公元 1506—1521 年）堤溃决，知府冯驯修筑，后更名冯公堤。清乾隆五年（公元 1740 年），重修；十三年（公元 1748 年），堤再溃；十九年（公元 1754 年），淫雨连旬，致堤毁十二丈；二十年（公元 1755 年），知府宫兆麟、知县汪大经下令附近十四乡佃户计亩筑石堤，但石堤选址过高，导致堤下漏水。嘉庆十年（公元 1805 年），堤被大水冲毁，本地举人罗熺生修筑石堤。道光四年（公元 1824 年）秋，海堤又被毁于大水，堤身毁坏十四丈，水泄入大海，中港水深四丈二尺，导致北洋环城沟渠干涸。知县王廷蓁倡议捐修，本地人前武邑知县陈池养、武生陈一清接筑石堤。石堤右连土堤，土堤内外抛大量石块护堤。咸丰八年（公元 1858 年）六月遇旱，垒石筑堤，并用石灰等胶结材料灌缝以求坚实。

4. 北洋韩坝海堤

韩坝海堤在孝义里陈桥，清乾隆四十八年（公元 1783 年）秋，堤溃决，知府柴桢捐筑。此次修筑先做成中空木柜，后实以沙土，再凿孔，贯以椿木，深深钉入地基。乡人立石以颂其功。旧溃决处深不可测，运所开废沙填满，又恐堤外受到潮水冲刷，于堤外抛石护堤。

5. 北洋孔泄海堤

镇前孔泄堤在莆田县镇前村，清乾隆十一年（公元 1746 年）知府灏善呈文报请修堤，知县程大僖捐金协助修堤。新堤共计长四十八丈，高五丈二尺，底层宽十一丈六尺，面宽一丈五尺。新堤左边旧堤至土地庙止进行旧堤翻修工程，翻修后堤长十三丈七尺，高八尺，底层宽一丈九尺，面宽九尺。新堤右边旧堤至沟西大路头灏公石碑止进行旧堤翻修工程，翻修后堤长三十七丈，高七尺六寸，底层宽一丈六尺，面宽六尺。新堤外大路护堤自灏公石碑至佘姓石坊止，培砌长四十丈，高五尺五寸，底层宽一丈五尺或一丈三尺不等，面宽八尺五寸。又翻修培砌镇前孝户一带沿海田堤长一百八十二丈，方便行人通过。此项工程于乾隆十一年（公元1746年）八月初旬至次年五月竣工。全郡士民称颂灏公功德，以灏公名堤，并竖碑祭祀。

1949年之后，在各级党政部门的重视下，沿海广大干部群众坚持不懈进行堤防三加（加高、加厚、加宽），并拨出专项经费支持重点堤段的险工隐患加固。每年在大潮到来的四、五月，当地组织力量开展检查，发现问题立即抢修，平时则按各乡、村所在受益地段分段包干整修、管理。经过逐年的"三加"、堵塞漏洞，标准普遍提高，尤其是1958—1959年间全县连续掀起三次向海堤标准化进军的高潮，每次组织上万名劳力上场，全面大修加固，重点海堤堤顶超过风浪爬高0.5—1米，1959年海堤达到全面标准化要求的有50千米，占总长30%。木兰陂灌区海堤工程是原莆田县最长、保护范围最广的重点地带，在这两年填土18.5万立方米，完成标准化海堤38千米，占南北洋海堤105千米的36.2%。到1965年底完成南北洋外海堤15千米基础建设任务，1964—1965年对内港67.31千米海堤进行了全面整修和砌筑护坡，工程标准明显提高，特别是南北洋海堤达到抵御12级台风和海潮同时袭击的安全防御标准。

二、相关文化遗产

除了工程遗产外，木兰陂还有很多文化遗存，包括祭祀庙宇及其水神祭祀、碑刻等。它们见证了木兰陂的历史，记录着木兰陂管理、维护的事件，与工程遗产共同构成了灌区特有的文化景观，诠释灌溉工程遗产的价值。

（一）水神崇拜与祭祀建筑

木兰陂的创建者被奉为一方水土的守护神，被永久纪念。宋元丰年间（公元 1078—1085 年），当地人民在"惠南桥"前后建两个庙，前庙纪念钱四娘，称"贞惠庙"；后庙纪念李宏、冯智日、林从世等人，称"义庙"。钱四娘甚至被尊为水神，庙里供奉着她的神像，当地还流传着很多关于她的故事。在中国诸多水神中，钱四娘是少有的女神。对她的祭祀，是人们对风调雨顺的祈祷，更是木兰陂灌溉秩序的民间约束。

现在的李宏庙是元延祐间（公元 1314—1320 年）重新择址新建的。现存建筑物则为清中叶所建，硬山造，面阔三间，古朴庄严，庙内竖有历代维修木兰陂记事的石碑 14 块。

1995 年，当地修缮李宏庙，建设木兰陂纪念馆（见图 4-1）。

（二）碑刻文献

木兰陂自建成至今所进行的较大规模整修，大多记录在木兰陂纪念馆碑廊中保存的 14 块石质木兰陂修缮碑刻以及相关历史文献上，为了解木兰陂的历史演变和修缮过程提供了翔实、客观的史料。现择其要者附录如下：

1.（宋）绍兴二十八年（公元 1158 年）《重修木兰陂记》

集三百六十涧总而为一，故有无穷之流。断大川之流析而为

图4-1 祭祀庙宇

二，故有无穷之泽。此邦民贫，不任竭作。兴木兰陂之役者，有长乐郡之二人焉。始则钱氏之女，用十万缗，既成而防决；次则林氏之叟，复以十万缗，未就而功隳。钱氏吐愤，遂从曹娥以游；林叟衔冤，徒起精卫之怨。自兹以还，兴作乏人，惟增望洋之叹，莫克水滨之问。且过长江之势，使洪澜怒涛不得东之，岂人力也哉？

熙宁初，有李长者宏，富而能仁，故得其称，有此志矣。天降异人，曰冯智日，贳酒于其家，三年不索酬。将行，曰："当与子遇于木兰山前。"长者先斯（期）而俟，乃授以方略。夜役鬼物，朝成竹樊，又图苍龙以贻长者。投二盒于江，一以上覆，一以下承，而去。孺子可教，果得黄石之素书；衣履不沾，又见葛公之涉水。长者于是依竹为堤，功成不爽。镵石为楗以为御，距楗为障以为潴。雍川之陂，循南以济，相其高下，鳌为三溜，使无偏注。行五十余里，达于海。濒海为四斗门，以备蓄泄。凡溉田万顷，使邦无旱暵饥馑之虞，百年于兹。故长者得以庙食焉。

山岳之摧，由于朽壤；江海之注，竭于漏厄。绍兴一十八年之秋，陂失故道，由北岸而东奔，重渊如勺，鱼鳖焉依？三衢冯君元肃，适以斯时至。凡川泽陂池之事，一时尽究。谓："马伏波所过州县，必留心灌溉之利，况吾丞是邑而专是职乎？木兰之陂，吾不得以后。"时以水昏正而栽之，日夜从事，九旬而成。不怨于素，举锸成云，决渠成雨，父老载涂，式歌且舞。木兰兆谶者二：曰"逢竹则筑"，又曰"水绕壶公山，莆阳朱紫半"。举一郡之水，此水为多；尽一邦之利，此得为溥。使万井生灵，免于沟壑，则冯丞之绩为可书。其辞曰：南标铜柱，已仆风埃；北勒燕然，又蚀莓苔。孰若贾渠难湮、召埭不朽。惟川泽之功，与天地为长久。沃州之山，白氏有缘，肇于道猷，成于寂然。木兰之陂，辱在冯君。伊昔甚伟，于今有芬。呜呼！源清流长，千载融融。君子之泽，不可终穷。

绍兴二十八年　　　郑樵书

2.（明）永乐十一年（公元1413年）《重修木兰陂记》

致仕前直隶宁国府宁国县县学教谕林圭 撰文 赐同进士出身鲁府伴读 黄□谦 莆邑庠贡士 林庭芳书丹。

陂之建，始于钱，而成于李，民食其利。迄今且数百载，岁久不能无坏废，而修复者屡矣。至是堤崩岸摧，下流民泄，民甚病之。父老来告，通守董侯忧形于色，既而叹曰："使民饥而无食，吾能独安之乎？"遂乃劳心殚虑，相度地宜。其法削木为板，板厚四寸，入于土中，加石其上，纵栉积叠，鳞次栉比，以完其固。陂北则以布栈为趾，积叠以石，如前法而加密焉。旧石为柱三十二间，后为风涛所折，遂减其四，且菩以为则。及是不能无患，则又以巨石覆于其上，石厚一尺五寸，长丈许，前后固然。复以斗门旧常置闸，以板为主，潦则纵、旱则闭，或奔流迅急，而有不及纵者。于是悉易以石，举无待于纵闭，而旱以蓄，涝以泄，其法可为密者矣。至若神宇且坏，则又修之，而改作其不可修者，轮奂一新，顿还旧观。亦以神有利泽于人民，而庙犯宜与之相为无穷也。自始至今，用人之力，计庸四万八千五百，而人不以为劳。二费糜楮以锭计者一万五千余。求诸施者，而人不以为吝。以癸巳甲申竣事，越明年二月己未告成。

父老请记其事，余谓水利重事也，况有陂蓄三百里之清流，分为南、北二洋，灌田数万余顷，废而不修，则民将无食；修之则事且难。然当以为天下之事，未有不可为者，将患志之不笃、为不力耳。董侯兹资已漏考，顾乃汲汲焉，惟是之务，徒来省视，劳劝不怠，其志之笃、为之力如是，是宜人心宜劝，大役以成。然思其时，郡多缺员，适多事几繁难之会，时则有著长幕蒋群与其佐之贤，实能赞而理之。俾侯得尽其力，而人得享其利。要皆一念为民，以侯之心而为心耳。方兹役之兴，侯则曰：使天不下雨，而役以成，幸孰大焉。既而天果不雨，凡三阅月，而功克就。侯则曰：兹役之成，惟天是赖。今兹二月，农

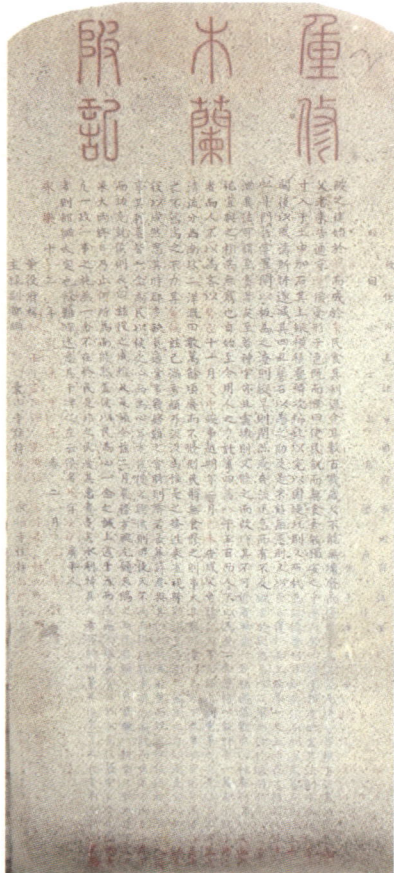

图4-2 （明）永乐十一年
重修木兰陂记碑

务方兴，尤愿天赐之雨，使麦赖以熟，农赖以耕，幸又孰大焉。丁巳，果大雨，终日乃止。何所为而能然？盖侯以民为心，一念之诚，上通于天，而感应之理，盖有必然者矣。侯从官至今，且历两考，凡一致一事之施，无一忽不在于民。一拜之民，受其惠者多矣，水利将其大矣。时则董其役者，里之长者朱季和，主其施者则都纲大定也。馀难殚述，悉具于碑之左云。侯名彬，字文质，广平人。

永乐十二龙集甲子春二月己未　谨书

役府缘：林彦玉 李伯深 吴继信 王宇义 林以文 朱孟源 王体潜 郑益谦

主缘副都纲慧广，囊山寺主持福善 永福寺主持慧伏等立石（见图 4-2）。

3.（明）万历三十七年（公元 1609 年）《重修陂送水堤并钱李二庙》

盖闻天下之利，太上无败；其次，败而有以成，此之谓用民。木兰陂之食泽于莆也，自熙宁始；代纪修迹，暨于今，而岸啮堤穿，物不停固，识者危之。郡中王公，以分藩重臣，镇兴郡，凡所为，无远智惕而有大虑。适李长者裔孙李维机，以修堤状闻，公忧形于色，曰："疾之！疾之！万物之时也。"事下郡，郡太守朱公，察原委，□便宜，议上允施行。于是，以南北顾输田亩所入为公费，庀徒号筑，题岸颊厚，陆趾。复以馀赀，鼎新惠烈、惠济二庙，祈视护堤。礼念始之者也。然皆应古合旧厌，塞众心云，报成，众属于纪，以昭示公功。余惟三百六十涧为一水，力能遏其流，以泽南北数万顷。昔人之德泽，固与陂相终。然少当告败，不有人焉。起而修成之，则江汉之注，必竭漏厄，此君子所以重豫戒也。

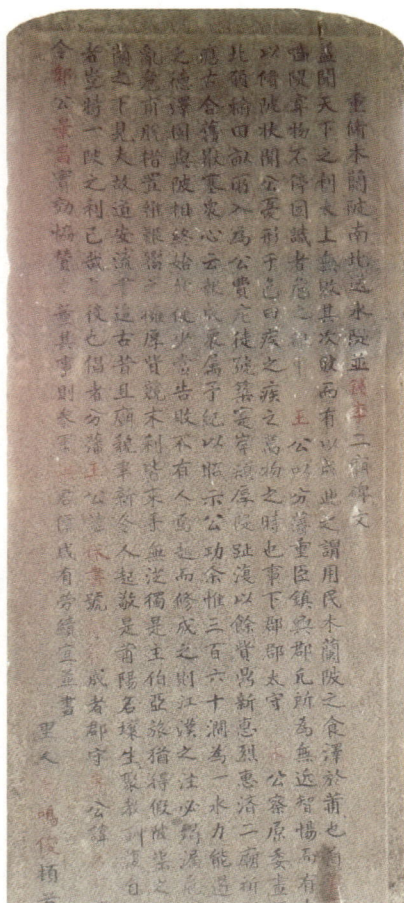

图4-3 （明）万历三十七年重修陂送水堤并钱李二庙

翘今乱危甫脱，措置维艰，乡之拥厚赀、竞未利，皆束手无从。独是主伯亚旅，犹得假陂渠之利，服蔗菔故业。今试巡行木兰之下，见夫故道安流，聿追古昔，且庙蕆聿新，令人起敬。是莆阳名壤，生聚教训，复自今始。则公之大有造于吾郡者，岂特一陂之利已哉！是役也，倡者分藩王公，讳依书，号雒符。成者郡守朱公，讳国藩，号晋昭。至司理史公允琦、县令郭公景昌，实效协替力。董其事则参军洪君儒，咸有劳绩，宜并书。

里人黄鸣俊顿首撰文。（见图4-3）

4.（清）康熙六年（公元1667年）《重建木兰陂记》

前赐进士出身、通议大夫、礼部左侍郎兼翰林院侍读学士，郡人黄起有撰文。

木兰陂创自有宋，钱女始之，林进士继之，功俱弗就。后李宏者，应诏至莆，增筑乃固。上杀驶箭之奔流，下遏狂澜之狂激，时其蓄泻，以灌南洋数万顷之田。其北岸一门，则元郭、张二总管开之，并溉北洋延兴等三里之田。迄今数百年，南洋粒食之民，咸蒙其利。则是迭坏修，犁戴郡乘。然事虽□而功钜，未有如今日者也。自兵革以来，湍流蚕啮，毋暇周防。涓涓将成江河，非但蚁蝼之易塞也。徵调殷繁，糊口者四驰矣。劳止之氓，未易以扶道使也。计亩征赀，涎为利孔，潦迟岁月。外饰壮观，中若败絮，即有忠实干办，众啄基之来，易肩而愉快也。嗟呼！将此数万顷之膏腴，沦骨为壑乎？卒作董成功，长民者是赖。于是，绅士耆民，群请于□太守陈公。公以谋诸郡丞吴公、别驾王公、司理康公，而□邑侯沈公，躬诣其地，究察形而使成，慨然曰：事孰有急于此者乎！

资取诸受水之田，不过亩捐镯粒耳。财不患不充，后取诸食力之储，覆工受真，不侵于中饱也；心不患不一，若夫强力心计，好行其德者，岂遂无人择而任之；事不患不治，议既协布，今以示郡邑诸公，先各捐俸为倡，乃聚人徒，具畚、局、答、砾、砻，坚选材鞭石。沈公又勤劝；相之水及其壑流汇合，作其始播谷，勿违农时。民知止之，人思我以生也，踊跃趋事。始于嘉平，竣于修禊，腐者新，池者植，淤者疏，六者焉。而石鳞鳞，而水云云，鳌尊泄罅，屹立中流。又饬新钱、李二庙，以妥灵而报，木坚茨轮奂，惶然改观。公与绅士，乃相赖而乐之。而庞眉髫稚，无不欣欣奔走相告也。

图4-4 （清）康熙六年
重建木兰陂记碑

103

起有窥睹，是而有感焉。兴利惟时，立事惟人。莆故海隅泄卤地耳，昔长者以私力建陂，有钱、林权与之于先，又有冯智日化助之于后，遂能变沮洳为沃壤万顷。万世一时，功无兴二。今兹之后，时势孔发，虑始实难。苟非口长民诸公，主持于上，使黎民徯应于下，安能以百日之间，完数百年之利？业渠召埭，后代犹传其人。以今况昔，彼难专美矣。至夫综理之动，勾裕之密，则董事诸君之功，弗可诬也。余老矣，无能为后，但乐观厥成，爰纪其实，以告之爱民与任事者！

太守陈公，讳秉化，号均浦，辽东人

郡丞吴公，讳朝元，号雨苍，上元人

别驾王公，讳□□，号圣若，嘉善人

司理康公，讳廉采，号继骧，陵县人

邑侯沈公，讳延标，号正恭，江陵人

清　康熙岁次丁未三月吉旦

董事乡宦　郑宫兰　杨梦鲤　陈跃驭　陈　珪

举人　林　秀　李上苑

贡生　周　浚　林大珪　傅汝明　陈天露　陈逢泰

生员　林　玑　陈延彬　李霞庭　陈伯俊　李宗承　李维机

　　　李植生　翁元宾　陈弘训　吴寅若　冯　良　许阶甫

（见图4-4）

5.（清）道光八年（公元1828年）《镇海堤志记》

莆四县东甲、遮浪石堤，捍御海潮，保卫南洋农田。肇于明洪武二十年。嘉靖十三年，知府黄一道，采石重筑，嗣后屡修屡废。

国朝乾隆元年，知府苏公本洁修堤。至十二年，又为潮水冲坏，村民畏潮，备土为垸。每遇飓风挟潮袭岸，卤水侵禾稼，顷焦枯。

南洋数十乡，频于危者屡矣。道光六年，宫保制府孙公、大中丞韩公，轸恤民艰，捐廉倡始。

奏奉谕旨兴办，士民输钱数万缗。遴邑士陈池养、董其俊，仿照浙省海塘成式，排钉木桩，以植堤阻；磨石驿砌，以固其身；合成灰浆，以实堤腹。筑石堤长三千七百七十五米，高四米，底宽一点二米。堤内镶土堤一道，底宽九点九米，面宽三点三米。堤以外用碎石遮浪护堤，根以御潮。契堤之东西，乃旧制筑石涵二所，洞口各高七十厘米，宽七十厘米，以泄埭内馀水。经始于道光七年八月，落成于八年四月。縻制钱八万五千串有奇。官捐十之二，民捐十之八。

督办者：兴化府 知府徐鉴

监筑者：署福州海防同陆我嵩 署兴化府程通判袁鸿 莆田县知县王廷葵

采料督二委员 周堪然 顾斜劝 金承华 帅韩例 得备书

6. 民国十一年（公元 1922 年）《重修木兰陂》

木兰陂汇永春、仙游之水，分道流入南、北两洋，农田赖之。岁大失修，父老引次为苦。民国八年秋，飓灾，陂堤崩坏数十丈，为患滋大。是年，东甲堤也坏。红十字会理事长，英医士庄华实先生修之。事竣，县知事包公伟，请续修木兰陂，将东甲堤剩款七千五百五十二角三占，及赈济项下，拨出银二百元充修理费。先生因费钜，四处劝募，得缘金三万三千七百二十一角五占，遂兴工。陂之北堤，崩坏最甚，直石堤长二十四丈，宽七尺，俱无存。上下横堤，坏十五丈，皆排钉木桩，用长石粘洋灰，叠砌堤腹，用碎石和洋灰聚实其中。陂之北角，塌深、广各一丈。万金桥东道八字，塌成穴，深三丈，宽八尺，陂埕沿边石缝，桥八字之石隙，宜石者用石，宜洋灰浆者用浆。陂南回澜桥边陂龟一丈有奇，翻修至底。陂埕损坏十余处，俱补葺之。陂闸二十八门，陂龟二十九垛之夹缝，亦用洋灰浆填灌。木兰陂之完固，华先生之力也。自己未十月兴工，至腊月而速成，共用三万零七百九十角，尚余一万一千七百五十角。华先生因沟下石桥，七年毁于匪乱，将此款移修之。合记其事者，例得备书并记之。

董　　事：吴鸿宾　关陈誉　张寿祺　江春树　翁祖望
　　　　　黄　鼎　丁福林

劝募员：余景陀　陈树霖　江祖延　孔祥风　潘庆星
　　　　林风仪　黄一新　宋坛远　林　根　陈润德
　　　　李效基　林　薰

监工：陈德艺　杨鸿铭

会计：朱庆东

书记：陈炯卿

石　匠：许章

土水匠：吴波

邑人前刑部主事　闽陈□撰

中华民国十一年禊月　日立

第二节　遗产特征价值

木兰陂位于今福建莆田西南4千米的木兰溪上。工程建于北宋元丰六年（公元1083年），迄今仍在发挥效益，灌溉着莆田平原1万多公顷的田地，地区经济得以迅速发展，造福千载，泽及万世。

从建成至今日的近千年中，木兰陂虽历遭风、雨、洪、潮的侵袭，仍自岿然不动，巍然屹立，不断发挥着灌溉、防洪、防潮作用，具有较高的历史、科技和文化价值。

一、历史价值

木兰陂见证了唐宋时期中国南方人口增加、农业快速发展的历史，见证了中国人口及农业开发不断向南、向沿海地区拓展的历史脉络，也见证了兴化平原社会经济发展及环境变迁过程，同时也是宋代王安石变法及其影响的历史见证。

木兰陂自建成至今，不断发挥着"排、蓄、引、挡、灌"等综合水利功能，不仅保护着木兰溪两岸百姓的生命财产安全，而且保障了灌区内几十万亩良田的灌溉以及工业用水、生活供水，同时，还兼有交通运输、水产养殖之利，使区域生态环境状况良好，大大促进了当地经济的发展，体现出独特的社会价值。此外，木兰陂作为我国宋代水利工程之代表作，具有很高的学术价值。如果能对其进行有效保护、合理利用与充分展示，对于发挥其各项功能与促进当地经济发展，也具有不可估量的社会价值与现实意义。

二、科技价值

在世界土木工程中，木兰陂有着重要地位。科学规划和周到设计，使拦河闸坝的位置恰到好处。丰枯水量变幅极大的木兰溪，在工程控制下，既有效地阻挡了咸潮上行，又尽可能多地将木兰溪的淡水留给了灌区，尤其是在水源短缺的冬、春两季。

（一）陂址选择的科学性

木兰陂拦河闸坝位置的选择，首先归功于规划的科学性。木兰陂始建于北宋治平元年（公元 1064 年），这一水利工程的创建者是本地传奇的女性——钱四娘。她筹集资金兴建木兰陂，却很快毁于洪水，钱四娘投水自尽。此后后继者再建再毁。直到元丰六年（1083 年），时任莆田县令李宏主持第三次重建才获得成功。史料记载，这次再建是一位叫冯智日的和尚发挥了关键作用，他在经过实地长期考察后建议将拦河闸坝下移，选在木兰溪流出峡谷进入平原后约 1 千米的位置，这里是山溪洪水与潮水上溯顶托最小的地方，也就是洪水与潮水水位差最小的地方，在这里建坝能较大地减轻上游洪水和下游海潮的冲击。从钱四娘到李宏，木兰陂的创建过程，是建设者们对木兰溪水文地质认知的过程，同样是重力型闸坝工程重要的实践过程（见图 4-5）。

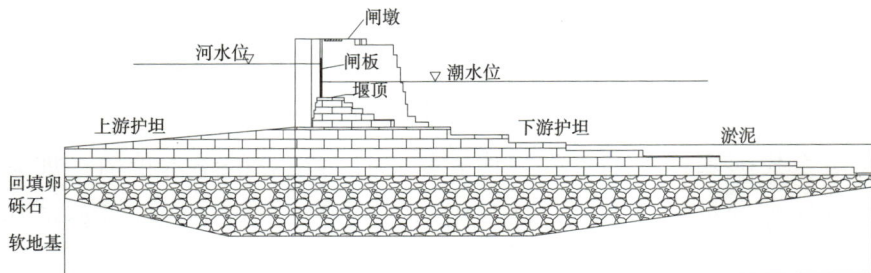

图 4-5　木兰陂运行原理示意图

（二）工程结构的科学性

木兰陂的工程结构同样匠心独具。闸基和挡水坝采用本地花岗岩砌筑，最大坝高 7.25 米。这样重力型的水工建筑，为解决上下游水位差，以及流速极高的洪水冲击，采用"筏型基础"，加长的基础有效地减少了单位面积上的砌石闸墩压力。每一闸墩下游一侧是长 4.5 米、断面 0.6 米 × 0.6 米的石桩——"将军柱"。柱底插入河床基岩上，并熔生铁使之与基岩成为整体。闸坝基础采用木桩和抛石，以保障大块砌石不发生过大的沉陷。坝堤砌石之间用铁锭固结。这样的结构有效地维系了木兰陂930多年的运行，至今依然保持着历史时期工程建筑的基本形态。

（三）施工的科学性

在木兰陂破土动工之前，人们就结合当地地质与水文情况制定了一套严密的施工工序。工程分为两期进行：第一期在河道南半部"上下游围堰，以障溪海之流，引水从别道入海"，即先在溪道南半部围堰建闸，而以北半部河道作为施工导流渠；第二期于闸堰建成后，破堰通水，在枯水季节适当时机，把北半部河道堵口合龙。此施工程序有机结合选址点的地形地貌，着重考虑木兰陂的水流变化情况，不仅便于施工，降低了水利工程的难度与复杂性，而且有效地保证了施工工序的顺利完成，其科学性值得借鉴。

（四）木兰陂技术领先于其时代

木兰陂的诞生是划时代的。唐中期莆田出现了海堤和陂塘，木兰陂不仅灌溉规模远远超越了前代，更在工程规划、建筑、结构上达到了同时代的高峰，为东南沿海灌溉工程提供了优秀的典范。

三、文化价值

福建莆田木兰陂是我国古代大型水利工程的典型代表作品。其附属物等以古朴坚实的物质实体，记述着真实的木兰陂工程建设的历史人物与历史故事，承载着丰富的文化内涵与人文精神，衍生出大量的优美诗词与特色碑刻，从而蕴含着深厚的文化积淀，具有很高的文化价值。

"木兰春涨"是莆田传统的"二十四景"之一，具有较高的景观价值。木兰陂自宋代建成后，为当地平添了一处秀丽的自然景观。每逢春水初涨，陂上溪面宽广，水平如镜，倒映桃柳；溪水泱泱，排筏往返；两岸青山绿树，水中风光如画。当春水暴涨时，溪水越过滚水坝，汇成瀑布，发出雷鸣声响。因此，"木兰春涨"景观给人们带来了视觉与听觉上的震撼（见图4-6）。

图4-6 "木兰春涨"景观

第三节 申遗标准

对照世界灌溉工程遗产申报标准，分析木兰陂工程的申报条件及可行性，我们认为木兰陂完全符合申报世界灌溉工程遗产的基本要求，并具有突出且独特的灌溉工程遗产价值。

一、世界灌溉工程遗产标准

按照国际灌排委员会的要求，申请世界灌溉工程遗产的工程历史须在100年以上，至今仍在发挥灌溉功能，工程形式可以是引水堰坝、蓄水灌溉工程、灌渠工程或水车、桔槔等原始提水灌溉设施等。除此之外，工程还必须在以下一个或几个方面具有突出价值：

（1）是灌溉农业发展的里程碑或转折点，为农业发展、粮食增产、农民增收作出了贡献；

（2）在工程设计、建设技术、工程规模、引水量、灌溉面积等方面（一方面或多方面）领先于其时代；

（3）增加粮食生产、改善农民生计、促进农村繁荣、减少贫困；

（4）在其建筑年代是一种创新；

（5）为当代工程理论和手段的发展作出了贡献；

（6）在工程设计和建设中注重环保；

（7）在其建筑年代属于工程奇迹；

（8）独特且具有建设性意义；

（9）具有文化传统或文明的烙印；

（10）是可持续性运营管理的经典范例。

目前世界灌溉工程遗产名录分为 A、B 两类，A 类为仍在发挥灌溉功能的遗产，B 类为已失去现实灌溉功能、但具有突出的历史科技价值的遗产。显然，木兰陂水利工程的申报类型属于 A 类。

二、木兰陂申遗条件分析

对照世界灌溉工程遗产三个方面的要求，分别分析木兰陂申报的符合情况。

（一）工程历史

木兰陂建成于北宋元丰六年（公元 1083 年），迄今仍在发挥效益，工程持续使用超过 930 年，灌溉着莆田平原万余公顷的田地。

（二）工程类型

木兰陂渠首属于砌石结构闸坝结合的工程，由溢流堰闸和重力堤组成。木兰陂从建成至今，虽历经数次维护和加固，但渠首枢纽工程依然保持原貌，而且保留有历史时期修建的渠首枢纽工程、渠系工程、堤防工程，以及治水与管理碑刻等。

（三）价值标准阐释

针对世界灌溉工程遗产的价值标准，木兰陂在如下方面有突出价值：

（1）工程设计、建设技术等方面领先于其时代；在其建筑年代是一种创新，属于工程奇迹。①在世界土木工程中，木兰陂具有重要地位。早在11世纪，木兰陂即在濒海河流的软弱河床上，采用先进的筏形基础，建成全长二百多米的大型砌石拦河闸坝，蓄水、挡潮、泄洪、冲砂、引水设计科学，功能完备。基于经验的坝址选择，较好地平衡了拦河闸坝所受的上游洪水和下游海潮的冲击。②木兰陂的工程结构同样匠心独具。闸基和挡水坝采用本地花岗岩砌筑，最大坝高7.25米。这种重力型的水工建筑，为解决上下游水位差，以及流速极高的洪水冲击，采用"筏型基础"，加长的基础有效地减少了单位面积上的砌石闸墩压力。每一闸墩下游一侧是长4.5米，断面0.6米×0.6米的石桩——"将军柱"。柱底插入河床基岩上，并熔生铁使与基岩成为整体。闸坝基础采用木桩和抛石，以保障大块砌石不发生过大的沉陷。坝堤砌石之间用铁锭固结，有效地维系了木兰陂930多年的运行，至今依然保持着历史时期工程建筑的基本形态。

（2）是兴化平原灌溉农业发展的里程碑，增加粮食生产，改善农民生计，抵御自然灾害，促进区域发展。木兰陂修建之前，兴化平原还是"潟卤弥天，潮汐往来，不生禾苗，蒲草丛生"的滩冲积地，木兰陂作为区域性拒咸蓄淡的控制枢纽，它的建设彻底改变了这一面貌。木兰陂建成后，一直保护着灌区七个乡、两个镇，178个村50多万人口的安全，保障了万余公顷良田的灌溉以及工农业用水和民用供水，使南北洋成为莆田市粮、蔗的主要产区。

（3）为当代工程理论和技术发展作出了贡献；独特且具有建设性意义。从钱四娘到李宏，木兰陂的创建过程，是建设者们对木兰溪水文地质认知的过程，同样是重力型闸坝工程重要的实践。唐中期莆田出现了海堤和陂塘，木兰陂不仅灌溉规模远远超越了前代，更在工程规划、建筑、结构达到了同时代的高峰，同时为东南沿海灌溉工程提供了优秀的典范。

（4）具有文化传统或文明的烙印。木兰陂见证了唐宋时期中国南方人口增加，农业快速发展的历史。930多年的运用，衍生了丰厚的灌溉文化，并融入工程和用水管理的每一环节。木兰陂的创建者后来成为一方水土的守护神，钱四娘等在区域文化中的宗教信仰内涵已远超出水文化。

（5）是可持续运营管理的典范。官方与民间结合的管理模式延续至今，保障了工程建设、维护、使用的全方位管理和各利益相关体的权责利合理分配。自宋代以来木兰陂作为公共工程由政府进行监管，设有专官直接行使管理职权，负责工程岁修经费、劳役筹措与施工监督等。这种管理机制持续到今天，目前木兰溪水利管理处负责南北洋干渠和木兰溪防洪堤管理。木兰陂的保护不仅为当代和后代留下了灌溉文明的历史见证，也将在区域可持续发展中继续发挥不可或缺的作用。

综上所述，木兰陂具备申报世界灌溉工程遗产的条件。

第五章　木兰陂的水利管理

木兰陂的水利管理历来都有政府与民间的共同参与。宋代即设专官负责，清代在分水陡门处设水则关并设专人负责启闭。陂田制度则是其独具特色的管理制度。

第一节　管理架构

木兰陂官方与民间管理的结合，有效地保障了灌溉用水秩序和调度。

自宋代以来，木兰陂作为公共工程在政府管理之下运行，有专官直接行使管理职权，负责工程岁修经费、劳役筹措与施工监督等。16世纪时在经常发生用水纠纷的分水陡门设"水则关"，由政府委派的专人负责闸门开启。在下级灌溉渠系中，由受益用水户自行管理。

为了合理用水，木兰陂水量的进出以三七开为原则，所见的进水闸高线宽狭也有定数，如北洋进水闸在坝上游180米处，闸宽2.6米；南洋双孔进水闸在坝右侧，闸宽2.35米和3.25米。同时还规定了管理制度，如严禁拦堵沟渠截水或私抽闸板放水等。

当前，木兰陂灌区的管理，由木兰溪水利管理处和南北洋海堤管理处分别负责。

第二节　木兰陂的陂田制度

古代大型水利工程修缮，资金和管理费用多由政府出面解决，或是官府财政支出，或是由受益户平摊支付。由于各地情况不一，在受官府重视的地方，水利修缮自然较为频繁，且有定期拨付的款项作为预备资金，如历代黄河的修治。而在经济落后地区的水利事业，则有赖于地方官员的责任心及其领导组织能力。这些父母官在地方财政充盈时，便能够将之及时用于水利兴修，或可领导民众，由受益户平摊修缮费用。但这种水利工程体制也存在严重的问题：其一，这些地区经济落后，地方财政一般较为空虚；其二，由受益户平摊的方式，一则需要时日，一则容易引发矛盾，但工程险情又多是突发情况，需要及时采取措施修缮。因此，再有责任心的地方官员，此时也是手足无措的，更别提碰上不负责任的官员。莆田木兰陂独创的陂田制度，则较好地解决了这一问题。

陂田制度是专门用以管理木兰陂工程的一种田制，包含"陂田""陂司""陂主"和"陂司定例"等内容，与古代的义田制度有相似之处。它是在木兰陂兴修过程中由李宏等人提出的，其在政府肯定和监督下不断发展完善，但又因内部的利益矛盾而走向衰落，这一过程同时受到区域社会变迁的影响。其兴衰的历史，一定程度上反映了莆田区域社会的发展变迁。

莆田位于福建沿海的兴化平原，木兰溪穿城而过。兴化平原在唐代以前为沿海滩涂，中唐时期由于长期自然演变以及人工围垦的原因逐渐成为沿海平原地带。到了宋代，兴化平原经过数百年的开发，成为重要的农业区域。但这里的自然条件仍然比较恶

劣，仍无法满足更大规模的农业开发的需要。水、旱、潮三类自然灾害始终困扰着当地人民。莆田当地农田水利工程兴修的传统形成于唐代，到宋神宗熙宁、元丰年间出现了一个高潮。钱四娘、林从世等人先后前往莆田，试图在木兰溪上修筑陂坝，以调节水流，阻挡海潮，灌溉周边农田，但先后失败。后侯官人李宏于熙宁年间前来莆田筑陂，他吸取了钱、林二人筑陂的经验教训，选取了适当的筑陂位置，采用了"筏型基础"等较为先进的水利建设技术，历时八年，于元丰六年（公元 1083 年）完成了木兰陂主体工程的建设。木兰陂建成后，要发挥其正常灌溉效益，尚需投入资金修建配套工程，以及不断地予以修缮和养护，于是，陂田制度逐步诞生并成型。

一、陂田制度的设立与发展

木兰陂陂田制度是在政府首肯下创立的，可谓当时水利建设事业的创新之举。其兴衰的历史，一定程度上反映了莆田区域社会的发展变迁。这一制度自宋代木兰陂建成后得以创立，到明末因"陂司陂主之争"而消亡，在近六百年的漫长历史过程中，为木兰陂良好地发挥其水利作用保驾护航。这一制度以十四家"填塘垦田"所得的四百余亩田地为经济基础，以"陂司"作为其组织表现形式，既为木兰陂的日常维护、修缮提供资金来源，也为祭祀活动提供资金保障，同时也延伸到了木兰陂管理的各个方面，规定了各项修陂工作、财务制度。同时，宋、元、明历代对这一制度的不断补充、完善，更延续了这一制度的生命力，使之在不同的历史时期都能够充满活力。陂田制度作为一地方性的特色水利管理制度，具有延续性、地域性和进步性的特点，相对于同一时期乃至后世的大多数水利工程管理制度来说，超越了时代，极具远见性。在这一制度的基础上，逐渐发展出了一个完善的木兰陂管理制度体系。同时，在这一制度的运行下，木兰陂维护、修缮工作"不费官帑，不削民储"，因而这一制度也得到了历代官府的肯定与支持。而最重要的是，陂田制度的存在，事实上也让历代官员、民众树立了保护木兰陂的意识，因而即使这一制度运行陷于停滞乃至消亡后，官民力量仍在"计亩征赀"这一新的制度的调动下，不断投入到木兰陂的修护工作中去，使得木兰陂得以保存至今，成为我国现存的保存最完善的古代农田水利工程之一。

（一）"陂田"的由来

"陂田"创设于木兰陂工程即将建成之际，主要基于工程未来修缮维护的需要。鉴于木兰陂刚刚完工就发生北堤突然决口十余丈这样的险情，李宏和十四家大姓商议，决定将原用于蓄水的横塘、新塘、许塘、陈塘、唐坑塘等五所水塘，填土为田，仅保留国清塘以防大旱用水。据他们估计，所有塘田每年可收租二千七百余石，存留一千三百九十余亩为守陂之用。李宏等人的这个建议，得到知军谢履的肯定。神宗元丰四年（公元 1081 年），时任福建路兴化军知军的谢履上书朝廷，请求赐予十四家"不科田"作为修陂的酬劳，"世收租利，仍免本田粮差。庶上尽报功之典，而下鼓向义之风"。对于此事，神宗十分重视，亲自批复，赐四百九十亩七分为十四家的不科田，"永为圭田，眷乃世守"[①]。值得一提的是，据谢履《奏请木兰陂不科圭田疏》及神宗批复的《赐木

---

① ［宋］谢履：《奏请木兰陂不科圭田疏》，引自莆田市图书馆藏清代《木兰陂集》，第 16 页。

兰陂不科田圭田勑》两文可见，陂成之后，官府以"大孤屿东、小龟屿北沿海白地酬奖李宏"，而对十四家的酬劳则是经谢履上请，才有不科田之诏赐。据此可知，这四百九十亩七分乃是朝廷对十四家建陂功劳的酬奖，并非专用于管理和修缮木兰陂。由于木兰陂所溉之南洋平原多为十四家之田，加之十四家感念李宏的功德，因而十四家主动承担木兰陂的管理和修缮之事，并将朝廷赐予的不科田收益用于管理木兰陂工程。降至明宣和初，十四家因修陂责任大、负担重，希望将"陂田"收益的三分之一寄于官府，以备用时支取。这一举动既规范了十四家私田与公田的区别，同时也使官府参与到木兰陂的管理事业当中，进一步保障了修陂资金来源的稳定性。此后，木兰陂"陂田"这种由民间管理、官府监督的模式得到长期延续。

福建地理位置背山腹海，多山少地，多沼泽。唐宋以前，多有"闽在海中"的说法，莆田地区更是如此。在木兰陂兴建前，莆田平原只是一片沼泽地。因此，农业发展历来不受政府的重视，民众也多以海为生。在木兰溪上建陂的首创者是福州人钱四娘，此后又有林从世的再次尝试。如此大型的水利工程，当时莆田地方政府并没有参与，可见对水利之事并不热心。直到熙丰年间，由于农田水利法的颁行，各地纷纷响应，李宏应朝廷之诏，入莆修陂。然而，地方政府依然没有拨出兴建水利的资金，幸赖李宏自己携带七万缗家产，而后又得当地十四家大姓捐钱七十万缗才解决了资金问题。木兰陂兴建时尚且有乡绅义士资助，而日后的管理和修缮却没有可靠的保障。李宏与十四家功臣几经商议，才想出拨给固定的塘田作为日后修缮之用，可谓"先贤美虑"。官府考虑到此事"不费官币，不削民储"，自然欣然应允。当然，政府为

118

了让陂田得到较好的管理，积极制定陂司规例，监督陂司的职责和行为。可见，陂田制的产生，是当时的莆田经济发展状况与官府无力承担管理水利工程双重因素作用的结果。

（二）"陂司"的设立

"陂司"创定于宋代谢履，目的在于将陂田与木兰陂管理结合起来，是"陂田制度"得以有效运行的组织管理机构。据文献记载，"陂司"的组成人员共计十三人，分别为："正一人，副一人，甲头一人，小工八人，水手二人。岁各有酬劳田、食钱若干，具有定例。"

元代万金斗门兴建后，又增添小工一人。陂司正副是陂田和木兰陂的主要管理者，由十四家大姓世袭充任，他们与作为陂主的李宏后人，共同管理陂田收益。陂司正副每年收取酬劳田租谷一百零五石八枋，钱每年每人一十八贯文。甲头由小工中杨姓者担任，平常职责主要为跟随陂司正副巡视工程状况，并对其他人员的工作进行监督，每年收酬劳田租谷一十石又二斗。小工则由李宏助手之后人充任，主要职责是管理闸门的启闭，小工每年收酬劳田租谷一十二石。水手以小工中擅于水性又有大力的人担任，遇洪水时，负责开启闸门。甲头和小工按月拨给工钱二十九贯七百文。此外，陂司成员还承担收取陂田租谷的任务，完成规定的租谷量就给予一定的奖励。陂司人员的酬劳都在"陂田"收益中支取，从而将"陂田"与"陂司"紧密结合起来，保障了陂司人员的管理积极性。陂司的设立，使陂田制度得以良好运作，为管理木兰陂工程提供必要又可靠的人力资源。从历代木兰陂重修的记录中可见，名义上维护工程的主持者多为地方官员，而实际负责人则是陂司正副。如宋绍兴二十八年（公元1158年），冯元肃主持重修木兰陂，"命陂正副余纶、朱广、顾汝辙等以水昏正而裁之。日夜从事，九旬而成"。庆元二年（公元 1196 年），知军陈仕楚主持修缮木兰陂南北两岸，"请十四家子孙林公恂如，及吾族子世京，发常平仓贮藏，委以修筑，方保无虞"。元至元六年（公元 1269 年），达鲁花赤八哈的牙儿在陂正副吴辰甫协助下，加固木兰陂的坝基。这些情况表明，陂司正副是木兰陂工程的主要管理者，他们熟知木兰陂的基本情况，并在木兰陂灌溉区有一定的权威，能够整合区域的力量。

（三）"陂主"的设立

木兰陂建成后，人们为了纪念李宏的功绩，将李宏立为陂主。而对于李宏是否有后人的问题，两部《木兰陂集》记录不一。按《李氏陂集》记载，李宏本有后人，只因为身为长房，子孙不能迁居莆田，因而以弟李容之子李念二为嗣，来莆田守陂，并负责照管李宏祠庙的香火。而在《十四家木兰陂集》中记载，李宏本为道人，且在莆田并未成家，自然无后，由此质疑《李氏陂集》所载的真实性。由于时代久远，其他志书也无李宏后代的明确记载，加之《李氏陂集》确有年代混淆、前后矛盾之处，因而难以确定李宏后人的真实性。综合两部《陂集》记载，两座祠庙祭祀费用的管理本为陂司正副的职责，只因后来陂田收益日渐减少，偶尔又另请官府拨田补给。根据文献记载，至少有两次：一次在宋绍定五年（公元 1232 年），县丞陈弥作拨田六十四石；一次在元至正年间（公元 1341—1368 年），官府拨田七十五石，合为二庙的香灯田共一百四十石，即一百四十亩田地的租谷。李氏后人认为，正是因为十四家正副管理不善，官府才另拨田地给李家子孙自行管理祠庙。而十四家则认为，"自宋至元，具立浮屠守庙奉祀香灯"。

元至正末年（公元 1368 年），有个名为桂英的泉州人，因犯案逃到莆田，藏匿于李宏祠庙为僧，后冒充李姓后人，得以继承香灯田。十四家念及李宏无后，姑且纵容他奉祀李庙香火。直到明正德年间（公元 1506—1521 年），李氏后人李熊以陂主的名义，请县令雷应龙编写《木兰陂集》。《李氏陂集》不仅抹去了十四家助钱捐田的事迹，更是对历代的陂司正副大加诘难，引起十四家的不满。由于双方各有凭据，经三次审理仍然难以解决，最后在地方乡绅的调和下，双方达成和解。官府判定李熊为李宏后人，仍照管一百四十亩香灯田，从而肯定了李氏后人的陂主地位。

二、陂田制度的衰落

从历代所修订的《陂司定例》可见，陂司人员谋图私利，致使陂田时常被侵占盗卖，木兰陂也因此疏于管理。在此过程中，官府参与木兰陂的活动和力度不断加强，陂司正副的威信下降，至明清时期，陂司职责渐为官府取代，陂司机构名存实亡。明清时期，陂司与陂主即十四家后裔与李宏后裔矛盾日益激化，这两场官司并非仅是两家的世代恩怨问题，其实更是陂司废弛、陂田制度衰落的体现。由于陂司正副多不尽心，陂事荒废，这才导致李宏后人出面争夺陂田的主导权。早在明宣德六年（公元 1431 年）叶叔文主持修缮木兰陂时，陂田收益就已经无法支撑修缮之费，于是叶叔文"乃出公帑，捐己俸为民倡。而其民之富者给粟与财，贫者躬力役翕然趋事"。这次虽是无奈之举，但开创了众筹资金修缮木兰陂的先例。天顺八年（公元 1464 年）王常主持修陂，忧虑工费来源，民众提倡用"验田以出粟"的方式，征收修陂钱谷，"弘治壬子陂坏，输田入庀工，遂为定例"。成化年间（公元 1465—

1487 年），陂司正副对木兰陂的损坏置若罔闻，李氏后人李再五告于官府，知府岳正责令陂司李孟容等承担其责任，再次申明陂司规例，并另设一名"水利老人"专职巡视，陂司已然形同虚设。弘治三年（公元 1490 年）王弼主持修陂，众人"皆愿输田亩所入为公费"。正德年间（公元 1506—1521 年）的陂司与陂主官司之后，陂司已不再参与木兰陂的管理和维护，只负责庙宇的祭祀活动。而陂田也因流转和侵占所剩无几，且难以追回，"余田折纳重租米入仓，以后陂庙损坏，官为修理"。此后，主要由官府主持修陂，官府也不再与陂司正副合作，而是另选有才干的人辅佐。如王弼选请乡民林叔孟、林仰止管理修缮之事，嘉靖二十一年（公元 1542 年），周大礼主持修陂，另请邑民余希夷协助。嘉靖甲寅岁（公元 1554 年）县令先川许侯，请南厢人林寿六修陂，后来又请吴曰徵、陈伯伍监管修陂之事。明末清初，由于战乱不已，社会动荡不安，木兰陂日久未修，已经是"外饰壮观，中若败絮"。陂田制度废除后，"计亩征赀"的方式成为木兰陂管理资金的常规来源，但由于缺乏相应的管理机构，修缮工作常常难以顺利开展。康熙六年（公元 1667 年）木兰陂毁坏，乡绅民众请郡守陈秉化出面主持，经过协商，赞同"取诸受水之田"，平摊修陂费用，"役取诸食力之俑，覆工受值"，以保证工程的质量。其后，官员乡绅先捐出俸禄、钱谷，然后"乃聚人徒，具畚挶，笞砾砻坚，选材鞭石。公又勤相劝之，水反其壑，併日合作"，这才使工程勉强完工。可见，陂司不参与水利管理后，责任落于官府手中，但还未成立专门的管理机构，只能依靠有责任心的地方官员来推动修陂事宜。直至康熙二十年（公元 1681 年），郡守苏昌臣召集乡绅父老商议农田水利事务，明确木兰陂内的征税原则，规定：

"南北得水田计亩，全得者输银二分二厘，半得者减，主佃均输。"后太守怜惜农民贫苦，改为"田主输八，佃输二"，并以铜钱的形式缴纳。又设有管理收支的人员，"司收纳者四人，监收者二人，监匠与工者九人，掌物料者二人、采办物料者二人，出入登记开车笔以从者二人，支给具领赴库官验实给领"。设立董事总管修缮事宜，董事包括官府人员和一名正直的、熟悉水利的民间人士。这一次修缮由于资金充足，对木兰陂工程进行彻底的翻修，同时修缮了李庙和钱庙。当时计入在陂内的水田共有九万九百八十多亩，收缴宋钱七十三万四千多，修陂后，剩有一十八万四千多，存入府库，以备后用。当然，在遇有水利急事，来不及征收钱粮时，一般由官员先行捐资，乡绅也会出资补充。康熙三十七年（公元 1698 年），木兰陂重修，"其筑堤之费，则按旧例计亩乐输。南田六而北田四，以水利之缓急权之也。征未及办，邑侯金公念切民依，捐银二百有奇。乡绅林君桢亦出赀百以佐焉"。

综上所述，明清之际，由于"陂田"收益日益减少和"陂司"正副的无心管理，陂田制度日渐瓦解，终究为"计亩征赀"的方式所取代，木兰陂管理权也由民间转到官府手中。

第六章　独具特色的水利文化

木兰陂的建设和运行，孕育了莆田地区独具特色的水利文化，突出体现在水神崇拜、民间文化、治水名人等方面。

第一节　水神崇拜

水神祭祀是指以宋代至清代莆田水利功臣祭祀活动、功臣祭祀庙宇的修建及相关文献的编撰活动为主要内容的，以传承功臣精神、丰富本地文化内涵为主要目的的地方性文化类型。它是水利文化的延伸，其影响范围仅仅局限于莆田一地，是"莆仙文化"的重要组成部分。从精神层面上讲，钱四娘的筑陂义举，深刻地影响了一代又一代的莆田人。在钱四娘之前，可能当地不少人亦曾有过在木兰溪上筑陂的想法，但因畏惧艰难失败等原因，始终没有付诸实际行动。而钱四娘将这种想法付诸实践，而且差点成功，这无疑极大激发了莆田民众战胜困难、驯服木兰溪的勇气。为此后人感慨曰："不有钱氏，孰与开厥始兮？"

不仅如此，他们不求名利、乐善好施的义举，深深影响了当地民众，成为木兰陂"民建、民修、民管"的精神基础。更值一提的是，首创者钱四娘身为女子，本应深居闺中，以家庭为中心，却敢为人先，做当时官府、世家大族都不敢做甚至不敢想的事情。

钱四娘死后，人们为她建立祠庙，尊为护陂女神，进而受到朝廷的封妃嘉赏。这无疑颠覆了以往人们对中国古代女性的固有认识，从一个侧面反映了唐宋福建地域的社会风尚和信仰观念。在中国古代各地，福建向以女神崇拜文化浓郁而著称。在莆田，不仅有钱四娘，又有妈祖等女神信仰，她们一道成为中国古代女性神灵崇拜文化的重要组成部分。

一、钱四娘信俗 [①]

钱四娘作为莆田地区历史时期最重要的水利工程木兰陂的首创者，其无私奉献、不计回报、建陂失败后愤而献身的精神在民间产生了广泛和深远的影响，她死后被奉为护佑一方的神灵。

（一）成神原因

首先，钱四娘生前的事迹可歌可泣，其济世利民之举符合中华民族的传统伦理道德评判，尤其是福建百姓"崇德、报功"的造神心理。依据中国人的传统观念，谁生前造福于民，死后就可以得以祭祀享食，即所谓"凡有功德于民则祀之"，又利用神灵对民众的神圣感来宣扬救世济人的精神。

其次，钱四娘信俗的形成还与宋代的宗教政策和统治者喜好有关。宋代是一个大量造神的时代，朝廷对于民间祠庙采取了较宽容的态度，因此两宋时期涌现出一大批民间神灵，其中一些神祇影响深远，如海神妈祖、护城神城隍等，但大多神祇还是地方性的，莆田钱妃就是其一。总体讲，对于那些对统治秩序不构成威胁，而受民众尊崇的神灵，宋廷多尊重民俗，往往通过敕赐庙

---

① 据陈春阳：《钱四娘信俗及其对莆仙文化影响研究》(《莆田学院学报》2018年6月)一文整理。

额或是褒封尊号的方式把它们纳入国家信仰体系，甚至进入国家祀典。

再次，宋代特别是南宋莆田的科举文化昌盛，地方官僚和乡绅不断渲染钱四娘、李宏等建陂事迹，郑樵、刘克庄、李俊甫、陈藻等人都记颂过钱四娘、李长者的事迹，这必然引起朝廷的重视。至宋理宗景定三年（公元1262年），钱四娘被赐"协应"庙额和"惠烈夫人"封号，不久又被封为"惠烈协顺圣妃"。

钱妃信仰就是在这样的时代背景下产生的一种地方民间信仰，通过地方官员的推崇、著名文人的传扬，成了一方代代相承的信俗。

当然，钱妃信仰的形成和发展过程也是渐进式的。当木兰陂再次建成后，人们为纪念建陂有功之臣钱、林、李、冯等人，在樟林建协应庙来奉祀他们。北宋时期，李长者庙更被民众所看重，因为在木兰陂建成过程中，李宏的功劳无疑是最大的。钱四娘这时在庙中尚居于配祀地位。但到了南宋，钱四娘护陂等故事广为流传，钱四娘形象开始其神化过程。

据说钱四娘以身殉陂后，尸体飘至下游一小山丘旁，三日（一说七日）飘香，乡人命其山为香山，并建香山宫以祀奉。从此香山宫也成为钱四娘信俗的重要活动场所。在莆田，钱妃是护佑木兰溪两岸的农业水神，受木兰溪流域民众所崇敬。古代凡有陂、渠、塘等水利设施之处，人们认为神灵掌管水利事务，从而信仰、祭祀与水有关的神祇。朝廷褒封后，钱四娘亦从最初的配祀地位，逐渐超过李宏的地位，由民间神祇上升到上天尊神。

（二）发展传播

历代官府派员对木兰陂重修加固，都到协应庙祷告，官方信仰促进了钱四娘信俗进一步发展。史料记载，元代兴化府总管郭朵儿、张仲仪重修木兰陂时，对钱四娘和李宏修陂颇为感激，按照前人提出的观点，将旧庙中钱四娘和李宏拆分成东西两庙，分别祭祀，庙堂重修一新。明代建李宏专祠，列入祀典，其他诸神迁旧庙，无颁布官方祀典，钱四娘信俗受到冷落。明代，在"宋十四家"贤裔等鼎力恳请下，正德十六年（公元1521年）依旧庙复建钱庙，春秋两祭，并在黄石东甲村建崇功祠，遮浪村建功德祠，祀钱四娘等。清道光八年（公元1828年）福建总督奏请朝廷将创陂首功钱四娘列入祀典获准，同时进一步美化钱四娘生前家世和护陂事迹等。更有多种灵异神话传说，使钱四娘在民间更加神秘，神通更为广大，神格也进一步提升。

综上，历代对钱妃的信仰总体呈提升趋势，明代虽然因个别原因受冷落，但民间的崇奉依然绵延不断。且钱四娘的职能和神阶也在不断提升，从守陂保护神到求雨神、财神、农业水神，甚至当地人还称钱妃为"圣母"，成为百姓祈求风调雨顺、五谷丰登、健康平安的多能神明。如今对钱四娘的信仰已发展成为当地的传统习俗，莆田民间将钱四娘与妈祖、陈靖姑、吴圣天妃奉为四大女神崇拜，钱妃庙香火颇为隆盛。

海神妈祖是莆田最著名的女神，历代都受到朝廷的极大重视，而钱妃信仰也受到妈祖信仰的影响，一定程度扩大了其信仰传播范围，这点是与其他地方水利农业神不同的。明代史料记载，妈祖的陪神体系中有"十八水阙仙班"十九神像之说，妈祖"水阙仙班"中就包括有"木兰陂三水神"。"三水神"即建陂有功的钱四娘、林从世、李宏。随着妈祖信仰圈的扩大，钱四娘作为妈祖陪神也扩大了其信仰传播的范围。在莆仙戏《李宏筑陂》中也有天后妈祖帮助钱四娘筑陂的情节。如今，莆田等地妈祖宫庙中以钱四娘为配祀的宫庙在不断增多，如湄洲妈祖祖庙天后殿，笏石镇珠坑村新兴宫，黄石镇江东村浦口宫、清后村灵慈庙、遮浪村通应庙，新度镇新度村涌坛社、渠桥村水晶宫，东庄镇马厂村妈祖阁，华亭镇西许村龙泉庙、郊溪村明山宫等。莆田市以外的如宁德蕉城区天后宫、泉州泉港区龙凤宫等宫庙的钱四娘信俗，也是随着妈祖信俗传播来的。远在山东即墨的金口天后宫中，也可见到钱四娘的塑像，她的香火显然也是随妈祖分灵来的。学者李献璋在《妈祖信仰研究》一书中列有"莆田钱四娘考"专节，他认为日本《娘妈山碑记》中的妈祖故事，是"直接以同是莆田女神，名字也和天妃不易分辨的钱妃故事修饰而成"的，钱妃的"巡陂"传说是"和妈祖信仰传到日本一起传到了萨摩"。可见妈祖信俗对钱四娘信俗的扩展传播也起到了一定的作用。

（三）钱四娘信俗与莆仙文化

钱四娘信俗对莆仙文化的影响是多方面的。钱四娘信俗对莆仙文学作品创作、莆仙信俗文化等都形成了一定的影响。有关钱四娘的事迹、民间传说等对莆仙人文文化等也产生了积极的影响。

木兰陂对莆田经济文化发展起到举足轻重的作用，"壶兰雄邑"成为莆田的美称。因此历代无论是官员，还是文学家、史学家，都喜欢用文学作品，包括散文、诗歌、小说、戏剧等形式来赞颂木兰陂，同时也对钱四娘等筑陂功臣进行描写和传颂。木兰陂文学作品成为莆田重要的文化遗产，是莆仙文化的组成部分。

散文方面，历代留下的许多碑记、纪事散文，不论是文学性还是史料性，都有相当的价值。如南宋文学家刘克庄的《协应钱夫人庙记》、史学家郑樵的《重修木兰陂记》、吏部尚书林大鼐的《李长者传》， 元代兴化分省左丞郑旻的《协应庙记》、兴化路推官林定老的《协应庙记》， 明代永乐朝致仕教谕林圭的《修木兰陂记》、南京礼部郎中周瑛的《重修木兰陂记》、监察御史慎蒙的《木兰陂记》， 等等， 这些碑记散文多涉及赞颂钱四娘、李宏等筑陂功臣。

诗咏方面，木兰陂诗咏多姿多彩，清末李光荣编《兴安风雅》卷六目录中单"钱四娘庙"就收录诗咏23首。历代诗咏都充分表达了诗人们对钱妃品德的肯定和对其贡献的认同。如宋代状元徐铎在《木兰谣》中赞云："饮水知源， 其功可数。钱林开基， 李宏创募。"南宋孝宗朝名相陈俊卿《过木兰陂》诗叹云："钱氏女娲虚补石， 林君精卫枉衔泥。"端平二年状元吴叔告《吊钱四娘》写道："将军岩下吊钱娘，协应祠前献瓣香。"元诗人朱德顺（字原通）《木兰陂题钱李二庙》诗云："万顷狂澜越壑低， 中流砥柱卧龙栖。二神共飨东西庙， 一水平分南北溪。"明代四川布政使周瑛《李长者入祀歌》云："钱氏四娘长乐女，黄金如斗提不起。将军岩下自经营， 陂溃直随此陂死。"南京吏部郎中郑善夫《木兰陂谒李长者祠》诗云："沧海未销钱女恨， 路人惟诵李侯碑。"嘉靖乡荐陈所有（号四楼）《吊钱娥》诗云："千顷怒涛堑便东，钱娥事业总成空。精魂化作杜鹃树， 一度春啼一度红。"清道光举人宋际春《木兰陂》诗云："神灯影里拜钱妃， 堪笑元长引水痴。"光绪诗人徐清来《钱姬庙》诗云： "莫云巾帼少奇人， 愿溺甘饥诣水滨。只问工程谁倡首， 莫将成败论前身。"清代佚名作《木兰陂》诗云： "障海为陂不日成， 迂回直接海潮溁。一泓奔赴原难测，千载长传钱女名。"民国壶社诗人林弼（字蒲民）《木兰陂》诗云："碧山迎古径， 春水涨兰溪。两岸一陂迥， 人钦钱氏堤。"

现当代吟咏木兰陂和钱四娘的诗作亦不胜枚举。其中以郭沫若1962年冬参观木兰陂后写的《咏木兰陂》组诗最为有名，其开篇写道："清清溪水木兰陂，千载流传颂美诗。公而忘私谁创始？至今人道是钱妃。"第一首"颂美"写的也是钱妃。

小说和民间故事方面，代作家黄玉石著有《钱四娘》长篇历史小说，陈金茂著有《钱四娘传奇》长篇叙事诗，《中国民间故事集成·福建卷（莆田县分卷）》中收录有民间故事《木兰陂》，李晓洁主编《八闽文化经典故事》中收录有《钱四娘三筑木兰陂》。其他如《长乐人杰》中的《治水女杰钱四娘》、《中华治水故事》中的《钱四娘与木兰陂》等，通俗读物介绍钱四娘的故事还有许多。

戏曲方面，莆仙戏地域特色明显，其中也有搬演钱妃、李长者筑陂故事的剧目。如《钱四娘》《李宏筑陂》等。在新近整理出版的《莆仙戏传统剧目丛书》第16卷，就收录有莆仙戏传统剧本《李宏筑陂》。该剧分为捐金筑堰、功败身殉、再筑不成、神佛指点、李宏兴工、大功告成等六出。剧中不仅有林从世、李宏、司马光、宋英宗等真实的历史人物，还有被神化的钱四娘、湄洲妈祖、黄妙应、东海龙太子等传奇人物。"捐金筑堰""功败身殉"二出描写的就是"祖上遗下万金家产"而孑然一身的长乐孤女钱四娘来莆筑陂的故事。该剧通过戏曲形式将钱四娘信俗人文精神传扬开来。

（四）现实意义

钱四娘信俗是莆仙人民群众在农耕生产实践中和与自然斗争活动中形成的产物，具有浓厚的莆仙文化特性。钱四娘信俗与人们的日常生活息息相关，是莆田人民在长期的社会实践中所积淀的文化遗产，其信俗在今天仍具有道德教化、维持社会和谐、传承文化传统乃至于发展旅游经济等多方面的现实意义。

1. 弘扬无私不屈精神

钱四娘作为木兰陂首建者，对后来李宏最终建成木兰陂厥功至伟。钱妃赐庙额"协应"，如刘克庄所云，"钱氏创始捐躯，黎簿重义忘身，林君轻财继志，十四姓亦协力以共济。譬之大厦，非一木能撑，而肇基其勤者"，乃以此表彰钱四娘等齐心协力，修建木兰陂之功。"惠烈夫人""惠烈协顺圣妃"封号是对钱四娘倡建木兰陂义举与陂毁身殉悲壮精神的肯定。

木兰溪是莆田人民的母亲河，木兰陂工程未建之前，莆田"地多咸卤"，木兰陂建成后，垦田二百余顷，使南洋万余顷田园得到灌溉，兼备排洪、挡潮等功能，化水害为水利，使南北洋平原变为莆田的粮仓。钱四娘关心民生疾苦，大爱诚信，信念坚定，奉献造福民众，其精神在莆仙历史文化建设中具有重要意义。

钱四娘信俗对莆仙文化的影响，也影响着莆仙人民的性格特征。如今莆仙人从小就在钱四娘的故事和精神的影响下学习、生活，老一辈教育子女都会提到钱四娘的不屈和奉献精神。钱四娘无私不屈的精神贯穿于莆仙人民抗争历史中，体现出了一种坚不可摧的精神品质。从宋代李富散尽家财，大爱奉献，到陈文龙、陈瓒抗元展现视死如归的英雄气概，再到号称"御史之乡"的莆仙，出现御史的高尚情操，形成独特的莆仙地域人文性格等，这些都值得学者深入探讨研究。

2. 凝聚民心促进协作

莆田历代行政区划与莆仙人文系统高度合一，莆仙有共同的方言，木兰溪流域从仙游经莆田自成系统，莆仙文化有很强的向心力。

钱四娘精神有很强的道德教化功用，历代民众通过对钱四娘的神化，使钱四娘神格得到了提升，又赋予了她超人的神力。反过来，民众对其超人的神力的敬畏和神秘感，又强化了信仰的感情。对钱四娘的崇仰祭拜活动，凝聚了民心，约束了行为，客观上起到了把信众引导到良性社会道德风范中来的作用。弘扬钱四娘精神，有助于构建传承传统美德精华的道德体系，从而有助于维护社会的和谐稳定。

举办纪念钱四娘的各种活动，也有凝聚民心的效用。近年来，每当农历三月十三举办钱四娘诞辰日活动，香山宫香客云集，热闹非凡。除三月十三以外，每年从农历正月初七到十六闹元宵庙会期间，周围的村民也抬着钱四娘的圣像出去巡游。钱四娘信俗通过这些娱人敬神的活动，增进了社区民众的团结，培养了互助协作精神，起到了人际沟通的重要作用，对促进民间的交流与协作也有其客观功效。

二、区域水神崇拜的历史特征

莆田地区水神崇拜内涵丰富、影响广泛，历史也非常悠久。

（一）宋代以前

早在远古时代，生活在福建沿海的居民就与海洋发生联系。考古人员在新石器晚期的闽侯县石山文化遗址中发现大量的贝壳和鱼类、龟类的骨头，表明"捞取贝类为主兼捕捉鱼鳖为辅的水生动物"是获取食物的三种主要方式之一。此时的原始人是否信仰海神，不得而知。

战国晚期越人大批南迁，进入闽中之后，他们与当地土著闽人结合而形成闽越族。闽越族多濒海傍河而居，其生活与航海息息相关，史书载闽越族"习于水斗，便于用舟"。当时的东越王余善拥有一支八千人的海军，并与海外有初步的贸易往来。可以肯定地说，当时的闽越族也信仰某种海神。

大家知道，闽越族是一个"重巫尚鬼"的民族，崇拜蛇图腾。《说文·虫部》在解释"闽"字本义时说："闽，东南越，蛇种。"《汉书·严助传》："（闽）越，方外之地，劗发文身之民也。"所谓"劗发"，又称"断发"，即剪去头发。东汉学者高诱注《淮南子·原道训》，记载当时越人文身遗存："文身，刻画其体，内默其中，为蛟龙之状，以入水蛟龙不害也。"从宗教学上说，这是一种常见的模仿术，即模仿他们所惧怕的对象，以达到吓阻它或亲近它、免受伤害的目的。闽越族崇奉蛇图腾，其文身的对象"蛟龙"也极可能是蛇的形象。他们信仰的水神、海神极可能也是蛇图腾，这一点从后裔疍民（又称"船民"）在行船时至今仍崇拜蛇神可以看出端倪。

实际上，闽越族崇拜蛇神的习俗也影响到了汉人的航海生活，清代郁永河《海上纪略》说："凡（闽）海舶中，必有一蛇，名曰木龙，自船成日即有之。平时曾不可见，亦不知所处，若见木龙去，则舟必败。"这里所说的"木龙"，据莆田、惠安的老渔民说是一种类似于小蜥蜴的当地人称之为"四脚蛇"的动物。

西汉元封元年（公元前 110 年），汉武帝派兵灭亡了闽越国，大批闽越族的贵族和军队被强行迁往江淮之间，原先繁华的都城大邑，一炬成为废墟。其他闽越人大多逃亡进入山林，成为后世所谓的"山越"。闽越国灭亡后，西汉中央政府派遣大批军队入闽，并在闽中设立冶县（今福州市），加强了对闽中之地的实质性管治，这就为此后北方地区汉族人民的入闽创造了便利的条件。汉代之后，由于北方的战乱频仍，北方汉人开始陆续迁入福建。两晋南北朝到唐末，先后出现三次北方汉人入闽高潮。

与此相适应，北方汉族的海神也传入福建，主要有龙王信仰、玄武信仰、观音信仰等。其中，龙图腾信仰传入福建，最早可以追溯到西汉初年。1997 年 10 月，福州屏山汉代宫殿遗址附近出土了一块直径 16.7 厘米、写有"龙凤呈祥万岁"的瓦当，考古学家认定其是从中原汉文化移植来的产物，由此说明北方龙凤信仰已传入福建。闽越国灭亡后，青龙、玄武等四方神信仰也随着北方移民传入福建。考古学家在南北朝、隋唐的坟墓砖画中发现了不少相关资料，1980 年在福建闽侯南屿发现齐梁时期的墓砖画，其中有青龙的画像；1984 年和 1998 年先后在宁化和福清发现唐代早期的青龙、白虎、朱雀、玄武资料；1998 年和 2001 年先后在晋江发现南朝时期的四神资料。

应该特别指出，在五代之前的福建，青龙、玄武信仰与海洋的联系还不密切，这时的青龙、玄武主要是道教方位上的四大神兽之一的含义，兼有保护航海安全的职能。由于当时的文献记载极少，所以人们对这个时期的福建海神信仰知之甚少。观音是对中国影响最大的佛教俗神之一，大约在三国之后与佛教一道传入福建。隋朝，福建晋江龙山寺创建。唐代，浙江的普陀山是传说中的观音的道场，而普陀山位于东海的舟山群岛，所以，观音就被渔民和航海者奉为海神，加以膜拜。当时，福建沿海的渔民已经远航到浙江一带捕鱼，福州海商经常到江南等地做生意，必经舟山群岛，因此，福建渔民和航海者信仰观音就是顺理成章的了。唐宋时期，福建各地都有观音寺。明清时期，观音崇拜更是进入家家户户。

（二）宋代的广泛兴起

五代至两宋，是福建经济文化迅速发展的时期。特别是在宋代，福建社会相对安定，人口剧增，在中国经济重心南移的历史情景下，福建奇迹般地在短时间内跻身于全国发达地区行列，成为"东南全盛之邦"。福建经济中有很大一块是海洋经济，包括渔业和海上贸易。特别是海上贸易，非常繁荣，泉州港"巨商大贾，摩肩接足，相刃于道"，故苏东坡说："福建一路，多以海商为业。"由于渔民和航海者平日出入于喜怒无常的大海之中，随时都有可能发生船覆人亡的悲剧，时人王十朋咏泉州诗中就有"大商航海蹈万死"之句，刘克庄《泉州南廓》诗亦云："海贾归来富不赀，以身殉货绝堪悲。"因此，与海洋经济的迅猛发展相适应，除了原有的龙王、玄武、观音继续被奉为航海保护神、影响不断扩大外，与航海有关的各种神灵被大量地塑造了出来。

检阅文献，至少有 15 位：

（1）显应侯

福建的"甘棠港"旧名"黄崎港"，五代闽国时开港。"有巨石梗舟。王审知就祷海灵，夜梦金甲神，自称吴安王，许助开凿，因命判官刘山甫往祭。中祭，海中灵怪毕出。山甫凭高视之，风雷暴兴，见一物，非鱼非龙，鳞黄鬣赤。凡三日夜，风雷始息，已别开一港，甚便舟楫。闽人以审知德政所致，表请赐今名，港神为显应侯"。

（2）感应将军、灵应将军、威应将军

《八闽通志》载："武功庙，在（闽清县）仁寿里龙源。宋绍圣间，朝请大夫萧磐尝在梧州，值风涛之险，遥见江浒有庙，默祷之，云雾中仿佛见三人出，风遂息。磐感其灵贶，拜谒祠下，其神果三人，曰敕封感应将军、曰敕封灵应将军、曰敕封威应将军，皆紫袍金带，俨如向舟次所见者，遂录其封爵以归，立祠于所居山之后祀焉，给租米一十五石为香灯之费。"

（3）显惠侯

《八闽通志》记载："祥应庙，在（莆田县）尊贤里白社（'杜'之误）。五代时已有祠庙，号火（'大'之误）官庙。宋大观元年，部使上其灵迹，赐今额。宣和四年封显惠侯。"

据说该神灵除了经常显灵御寇外，"他若旱蝗疾疫之灾，商贾风涛之险，祷之多有灵应"。现嵌于莆田元妙观旁墙壁上的《祥应庙记》详细记载了莆田、泉州等地海商得到此神保佑的故事和影响，"商人远行，莫不来祷"。

（4）柳冕

《八闽通志》记载："灵感庙，在（莆田县）礼泉里秀屿，以祀唐观察使柳冕。"相传柳冕及弟弟曾担任过管理马政的官员，死后却不知何因被乡人奉为神灵，"凡有所求必祷之，舟行者尤恃以为命。或风涛骤起，仓皇叫号，神灵为之变观，光如孤星，则获安济。其灵向与泥洲之神相望"。

（5）光济王

《八闽通志》记载："大蚶光济王庙，在府城东奉谷里大蚶山。《泉南录》云：'昔尝海溢，有物如瓦屋乘潮而来，郡人异之，为立庙，凡商舟往来必祷之。五代晋开运二年，南唐始封光济王。'"

（6）江大圣

《福宁府志》载："阜俗王庙在（霞浦县）五十一都大金。唐末有巨木浮海而来，土人将陂为薪，乃见梦于人曰：'吾非凡材也，吾家台之黄岩，姓江氏，名清，有道术，乡人呼为江大圣者，即吾也。

今殁，当庙食兹土为阜俗神。'乡人为立庙南山下，宋太平兴国中建，元丰八年折而新之。雨旸疫疾及风涛险阻，祷之俱应。"

（7）水神

济州庙，在（长乐县）四都嵩山岭，唐长兴初（公元930年）建，祀水神。舟人往来率祈祷于此，故名。

（8）协灵惠显侯

《福州府志》记载："昭利庙，在（连江县）越山麓，神为唐观察使陈岩长子延晖。乾符中，黄巢寇闽，神慨然谓人曰：'吾生不鼎食以济朝廷，死当为神以慰人望。'及没，祀于连江演屿。宋宣和二年建庙今所。五年，给事中路允迪使三韩，涉海遇风涛，赖神以济。事闻，封协灵惠显侯，诏赐庙额昭利。"

（9）忠佑侯

《莆田县志》载："陈侯灵显庙，在涵江盐仓西，为陈应功建。……宋景炎中，封忠佑侯。俗传教民晒盐。……郑于清记：他如宣劳国事，珍护盐艘无风涛飘忽之恐；保障乡邦，导引和气，有雨旸时若之休；大室编氓，家家尸祝，事无巨细，随叩辄应。"

（10）叶忠

《福州府志》记载："厚屿庙在厚屿山，神姓叶，名忠。官至泉州守，既没，显灵，乡人祀之。舟楫往来，有祷辄应。"

（11）白马庙山土神

《福州府志》载："白马庙，在云程山，祀山土神。时乘白马，风涛中以拯溺者，航海者多乞灵焉。"

（12）十八元帅薛芳杜

薛芳杜，长溪人（今福安），为薛令之的侄儿，因"有行宜"，被附祀于城山山的薛令之祠堂。杜四世孙念，其行第十八，亦为

乡人所敬畏，殁而凭人自称十八元帅。因附其像于祖祠，每有火灾及航海遇风者呼救，元帅即见像以免。

（13）助顺将军

泉州东南郊溜滨村有一座庙，主神为南越王和助顺将军，据说前者是古代的国王，后者是保佑晋江和近海渔民安全之海神，渔民出航必先祭祀助顺将军。该村居民皆姓朱，附近有些村落也供奉助顺将军，但溜滨村的助顺将军为祖灵，其他村的助顺将军为分灵。因此每年阴历十月初四助顺将军诞辰时，除举行祭祀，还要演戏酬神。

（14）通远王

通远王是泉州九日山延福寺通远王祠供奉的海神。据乾隆《泉州府志·坛庙寺观》记，通远王神原为永春县乐山隐士，居台峰，后仙化升天，以灵验著称。乡人塑像祠之，称呼为"翁爹"，又称白须公。永春县人又称之为乐山王。宋代，通远王"其灵之著为泉第一"。时人王国珍《昭惠庙记》云："凡家无贫富贵贱，争像而祀之，惟恐其后。以至海舟番舶，益用严格。公崇往业于烈风怒涛间，穆穆痒容于云表。舟或有临于艰阻者，公易危而安之，风息涛平，舟人赖之以灵者十常有八九。"

为了使远航的商船一帆风顺，宋代泉州地方官员经常在九日山延福寺通远王祠举行隆重的祈风仪式，一般十月至十一月举行"遣舶祈风"，四月举行"回舶祈风"，泉州九日山上至今还保存十三块记载宋代祈风盛典的摩崖石刻。

（15）妈祖

原名林默娘，福建莆田湄洲屿人，相传生于宋建隆元年（公元 960 年），卒于雍熙四年（公元 987 年）。据现存最早的有关文献《圣墩祖庙重建顺济庙记》及黄公度的《题顺济庙》诗记载，妈祖生前是一位"预知人祸福"的女巫，死后被当地人奉为神灵，建庙祭祀。由于湄洲岛上的百姓多是渔民，所以妈祖一开始成为神灵就具备海上保护神的职能，不过最初的影响只限于湄洲岛。妈祖死后约100年，其信仰逐渐扩大。宣和五年（公元1123年），宋徽宗特赐莆田宁海圣墩庙庙额为"顺济"，妈祖信仰得到官府的承认，开始以较快的速度对外传播。南宋时期，妈祖信仰得到统治阶级的大力扶植，先后赐封给各种封号达十四次之多，封号的等级也从"夫人"一直晋升为"妃"，其身份也由巫转变为道教神仙，各地的妈祖庙纷纷建立，到绍定二年（公元1229年），妈祖庙不但在莆田有很多，而且"闽、广、江、浙、淮甸皆祠也"。其影响超出福建，成为东南沿海地区的海神。

（三）元明清发展

元代，泉州港成为世界贸易大港，福建的海外贸易继续发展。明代，郑和下西洋、月港私人贸易兴起、明清中琉往来密切、福建渔业发展，清代福建向台湾和东南亚大规模移民等等，在这样的历史背景下，福建的海神信仰发生巨大的变化。最突出的变化是妈祖信仰上升，妈祖成为全国影响最大、地位最高的海神。在宋代，妈祖的地位与其他海神并无本质的差别，其影响也并没有取代其他航海保护神，如泉州官方每年举行的祈风仪式，祈求对象一直是通远王，而非妈祖，所谓"凡家无贫富贵贱，争像而祀之，惟恐其后"。但入元之后，其地位迅速被妈祖所取代，几至消亡。如今，泉州较有影响的崇拜通远王海神的昭惠庙有洛阳桥南的昭惠庙、安平桥头安海街上的昭惠庙和南安英都镇的昭惠庙。又如长乐济州庙，原来祭祀水神，"明弘治间，改祀天后"。类似的

例子很多。供奉妈祖的庙宇犹如雨后春笋在各地涌现，分布在中国沿海各个省区。日本、东南亚和欧美一些国家也出现了妈祖庙，拥有众多的信仰者。

另一方面，其他水神或海神逐渐被纳入妈祖信仰体系中。如临水夫人，原来是妇女儿童保护神，兼有水神，在福州、福建东部、浙江南部影响较大，民间常常将她与天妃、观音等同供于一庙，久而久之，便有临水夫人系天妃之妹的说法，同时被赋予护守海舟、救助海难的职能。明嘉靖十三年（公元 1534 年），高澄为副使，偕陈侃出使琉球，在海上遭遇大风，"致桅箍折，遮波板崩……众心惊惧。乃焚香设拜，求救于天妃之神"。后经天妃降箕说："吾已遣临水夫人为君管舟矣，勿惧！勿惧！"果然转危为安。回到福州后，高澄在福州水部门外天妃宫内行香设祭，答谢妈祖保佑，偶然发现了临水夫人祠，忙请教祠中道士，"道士曰：'神乃天妃之妹也。生有神异，不婚而证果水仙，故祠于此。'"又曰："神面上若有汗珠，即知其从海上救人还也。"又如晏公，原是江西一带的江河神，其信仰始于元代，明代民间对晏公的信仰大盛，庙宇遍及全国，并有封号。明末福建谢肇淛说："江河之神多祀萧公、晏公。"《闽都记》载："晏公海神，义取海晏。闽滨海多祀之。"

但是到了清代初年，《天后显圣录·收伏晏公》却把晏公说成为水怪，经常兴风作浪，伤害无辜百姓，后来被妈祖降服，为部下总管，协助掌管东部江河湖海水域。此外，在《天后显圣录》中还有不少妈祖降服龙的故事，如"奉圣旨锁龙""龙王来朝"等等，把龙王也纳入妈祖信仰体系。实际上，被妈祖收编的水神或海神远不止以上几位，在福建莆田湄洲岛妈祖庙的两殿中共有十八位配神，包括水阙仙班十八员，其中有四海龙王、浙江宁波茅竹五水仙、福建莆田木兰陂三水神、泉州林巡检、广东二伏波将军（马援、路博德）、嘉应、嘉佑二妖怪和晏公总管。

元明清时期，在妈祖信仰一枝独秀的同时，其他海神信仰仍在民间拥有自己的信仰者。在福建省，未纳入妈祖信仰体系的福建海神主要有：

（1）玄天上帝

玄武信仰得到明代皇帝的推崇，被朱元璋封为"玄天上帝"，拥有至高无上的神格。明清时期，泉州、晋江、南安、同安等地有不少玄天上帝庙。

（2）拿公

拿公是福建邵武县拿口镇人，名卜福，传说为救百姓而饮用有毒井水，死后被奉为神。拿公在福州地区的操舟者、渔民和海商中拥有众多的信徒，"海船必奉之者，以海上多礁雾，专藉神力导引云"。

康熙二十二年（公元 1683 年）、康熙五十八年（公元 1719 年）、乾隆二十一年（公元 1756 年）、嘉庆五年（公元 1800 年）册封的琉球使臣，都把拿公奉祀在船中，为他们保驾护航。

（3）陈文龙

陈文龙（公元 1232—1277 年），福建莆田人。元朝入主中原后，陈文龙起兵勤王，后兵败被捕，宁死不屈。陈文龙去世后，百姓对其崇高的民族气节十分崇拜，进而把他当神来崇祀。民间传说，陈文龙死后，被皇帝敕封为水部尚书，加封镇海王。又传，明永乐中，陈文龙显灵救护海舟，被封水部尚书。福州仓山的阳岐、新亭，台江的万寿、龙潭、竹林有尚书庙，其中阳岐尚书庙为祖庙。

根据文献记载，嘉庆朝的齐鲲和同治朝的赵新两位福州籍册封琉球正使，都将陈文龙的神像与天妃、拿公一道请上册封舟，将天妃与拿公奉于头号船上，陈文龙供于二号船上，充当他们的航海保护神。

（4）巡海大帝

福州沿海地区，至今仍有一些名为巡海府的宫庙，供奉的主神为巡海大帝，连江县猴屿就有这样的宫庙。据碑文可知，该庙主神在五代闽国时期被封为平海洋波将军，明代封为文无太平王，"今洋海一带，渔翁、船民，神奇传说，有求必灵，……渔民行商等，各高挂香火，航行榕城"。前几年，在长乐机场附近发掘的被沙子埋没数百年的明代的显应庙，也有巡海大帝的塑像。

（5）南海神

连江县的南海神坛，在县东南福斗山上。民国《连江县志·惠政》载："明永乐二年七月，命内官郑和往西洋，在此筑坛祀南海神。"这里的海神是指主宰南海的风涛、水族的最高神灵，这一点可以从后来的林则徐的《熬化鸦片投入大洋先期祭海神文》得到印证。

（6）苏碧云

清同治间册封琉球正使赵新《续琉球国志略》载："神苏姓名碧云，系福建同安县人，生于明季天启年间，读书乐道，不求仕进。晚年移居海岛，洞悉海道情形，海船均蒙指引平安。殁后，于海面屡著灵，兵商各船，均祀香火。每岁闽省巡洋，偶遇危险，一经呼祷，俱护安全。"

同治五年（公元1866年），中国历史上最后一次册封琉球时，赵新等人除了供奉天妃、拿公、水部尚书等神明外，还供奉了苏碧云神像。

（7）圣公爷

据《台湾县志·外编》载，圣公爷姓倪，生长于海滨，"熟悉港道"，生前为海舶总管，死后成神，"舟人咸敬祀之"。闽南与台湾等地都有对他的信仰，在台湾的"泉漳舟人多祀其神，以其熟识港道"。

（8）孟婆

福建处于东南沿海，经常受到风暴的侵袭，特别是沿海州县的人民深受风暴的影响，对风神的崇拜十分虔诚，大多数州县都建有风神庙。《闽杂记·飓母》载："今闽中滨海，诸处皆有风神庙，塑像多作老媪，岂即孟婆耶？"《南越志》载："飓母即孟婆，春夏向有晕如虹者是也。"《山海经》记载："帝女游于江，出入必风雨自随；以其帝女，故称孟婆。"

（9）水仙尊王

水仙尊王，也有称为水仙王，是五位水神的统称。在福建和台湾地区，有不少水仙庙。遇到特别严重海难，民间还流传有"划水仙"法，"其法为在船上诸人，各披发蹲舷间，执食箸（即筷子），作拨棹之势，口假为钲鼓声，如五日竞渡状，虽樯倾舵折，亦必陂浪穿风，疾飞倚岸，屡有征验"。康熙年间，曾在台湾做生意的郁永河在其《裨海纪游》一书中记载了其亲耳所闻的三个"划水仙"亲历故事，十分生动，说明"划水仙"方法为许多闽台航海者所熟知。

（10）许仁

《晋江县志》记载：虎头山庙在郡治北。《闽书抄》：神许仁，燕人，泉州司马，存心正直，爱民如子，殁而神灵，民祀之。明万历间，有黄廷南者自粤东航海归闽，船搁浅，呼神明拯护，幸无事。

（11）王爷

王爷为瘟神，主要信仰区在闽南和台湾。王爷多冠以姓氏，常见的有一百余姓王爷。福建渔民都认为"王爷"是上天派到人间"代天巡狩"，请的王爷是天府王爷，以祈求海陆平安。如晋江东石镇海宫供奉的就是王爷，渔民十分信仰。石狮蚶江五王府的答王爷也被闽台百姓奉为航海保护神，每年端午节，海峡两岸善男信女纷纷前来蚶江五王府朝拜进香，并举行隆重的护驾开航仪式。

（12）施琅

晋江市衙口村人，因统一台湾有功被封为靖海侯，"相传殁后为海神者也"。

第二节　文化影响

以木兰陂为代表的各类水利工程，如陂、坝、陡门、渡槽等，创造了优美的水景观，也是塑造莆田形象的重要内容，对莆田的社会、经济、文化、生活产生了深刻影响。莆田二十四景中，有九个景点是水景，如木兰春涨、柳桥春晓、锦江春色、白塘秋月、寿溪钓艇、智泉珠瀑等。成书于明嘉靖年间的《木兰陂集》是了解宋明时期兴化平原经济、社会、文化状况的重要文献资料，在学术研究、区域文化传承，以及木兰陂古水利工程保护等方面具有重要价值。

一、方言

莆田话里有不少与水有关的词语。如"渠道水""水风（含水分极多的风）""大水淹洋""食天地水（靠天吃饭）""三十年水流东，四十年水流西""水做酒卖，复（还）嫌无糟""意好水食亦是甜的""大雨承（接）无水""雨落四山，水归东海（比喻事物有一定的归宿）""一滴水难消（滴水未进）""命坏煮水会带底（粘锅）""钱做（当成）水使""鱼食水走鳃厄出（出力而得不到好处或没有效果）""船过水路花（喻事情过去了没有留下痕迹）""顺风顺水（吉祥语，平安）""敝（不会）撑船嫌溪阔""水牛无过溪，屎尿怀肯拉（喻未达一定条件情况不肯做某事）""好田食双头沟（喻从两头都得到好处）""未有涵头（江），先有塘头"，就连盖房子也有"出水（上梁即封顶）""泻水（房子前或后坡的坡度）""滴水"等。

二、地名

如赤溪（荔城）、水渡、西洙（城厢）、濑溪、湖头（华亭）、澄渚（西天尾）、水口、漈川（常太）、新溪、澳东（白沙）、水漈、水办（萩芦）、溪底（庄边）、水南、东洙、清浦（黄石）、江口（涵江）等。沟渠的专名也不少，如大沟、流水沟、沟仔、沟头、沟尾、三沟嘴、四沟嘴等。

三、人名

如水治、水英、水妹、天水、春水、玉水、文水、金水等。

四、诗词歌赋

以木兰陂文化为例，有明代李熊《木兰陂集》，清姚文崇等《续刻木兰陂集》，莆田县木兰陂水利管理处《木兰陂水利志》，清陈池养《莆田水利志》收录历代（重）修木兰陂记19篇。此外还有长篇小说《钱四娘》和大量有关散文，康永福先生"莆郡先贤题咏钱四娘诗抄"收诗11首，郭沫若有"木兰陂"诗，木兰陂纪念馆收藏历代碑刻、名人题咏楹联，香山宫陈列历代水利功臣的画像等。

五、习俗

莆田婚俗，拜堂后，新娘要从井中挑一担水到厨房。乔迁时，要有人从旧居挑一担水到新居。除夕晚上，水缸里要装满水。这些都寓聚宝盆之意，聚与水音近。端午节，人们会用中午的水煎香草（俗称午时草）沐浴。而在人生仪礼中，满月的婴孩、结婚前一天的新郎新娘都要用午时草沐浴。人死后在入殓之前也要给予沐浴。旧俗七月半，人们会把一盏盏点上火的小灯放在水里，让它漂流而去，以祭祀孤魂，俗称放水灯，今莆田话里仍保留这个词。在莆田，出殡经过桥梁时，孝子要呼叫死去的亲人，使阴魂能顺利过桥。其他水文化民俗活动还有龙舟竞渡、黄石沟边九鲤舞、东华搭桥亭等。

祭祀方面，莆田没有龙王庙，但在兴化平原上，人们信奉水神钱四娘、李宏等，水神庙千年香火不绝，希望神灵帮助他们战胜自然灾害，保护美丽家园。旧时人们也去这些庙祈雨。

六、民间传说与文学艺术

（一）钱四娘的传说

宋治平元年（公元 1064 年），钱四娘 16 岁，携家资 10 万缗，来莆田进行筑陂。

传说钱四娘组织筑陂时，民工众多，每天发放工钱时，她把钱放在箩中，让民工自取，不管民工们是用一只手抓，或是双手捧，每人拿到的总是 18 个铜钱。

由于众人的奋战，陂于宋治平四年（公元 1067 年）夏筑成。这时遇到一场大洪水，陂被冲垮；钱四娘前功尽弃，愤而投水自尽。她死后，尸体漂至下游的一座小山丘旁，飘香七天。群众感其功德，把她就地安葬，并建庙纪念，名曰"香山宫"。

传说木兰陂筑后，每逢风雨之夜，隐隐约约看见两盏红灯自香山宫来到陂上，那是钱四娘出来巡陂。

（二）诗词选录

木兰谣

［宋］徐铎

莆邑之南，原为斥卤。有泽有陂，有桑有圃。

饮水知源，其功可数。钱林开基，李宏创募。

地神布竹，异僧相土。施田舍田，十四大户。

三余七朱，陈林吴顾。陂沟既成，陡闸亦固。

罟者之渔，舟者之渡。朝廷之帑，军民之哺。

且启文明，累累圭组。俗成康衢，风成邹鲁。

灌溉工程，众目共睹。岁稔年丰，口碑满路。

祭田饮蠲，义庙敕阼。神功既大，君恩亦溥。

更徼英灵，永绵呵护。此陂此庙，千古万古！

吊钱四娘

〔宋〕吴叔告

将军岩下吊钱娘，协应祠前献瓣香。

生已开基留胜迹，殁犹呵护现灵光。

金挥鼓角波涛险，骨窆香山草木芳。

济济功臣皆后进，不妨女士庙中央。

协应钱夫人庙祀辞

〔宋〕刘克庄

女子神灵兮谓谁？自邃古兮有之。女娲启母兮以圣以贤，湘灵兮以尧女舜妃。曹娥兮以孝，妙善兮以慈。塔庙兮相望，竹帛兮昭垂。嗟夫人兮孺弱，有百世兮远思。堰滔天兮洪流，捐埒国兮艺巨资。千丈兮将合，一篑兮勿亏。愤前劳兮虚弃，愿下从兮沉纍。由治平兮至今，民奉尝兮不衰。月夕兮花朝，原野兮融怡。仿佛兮若有觌，纷红微兮绣旗。里人兮告语，钱媛兮出嬉。春潦兮秋涛，天泽兮渺弥，群欋夫兮歌呼，千神炬兮合离。老农兮叩稽，钱媛兮护陂。昔童稚兮见闻，恐耄荒兮轶遗。呜呼！千载而下，岂无蔡邕兮有志斯碑。

题木兰陂

〔宋〕张 礼

钱妃庙下水东流，陂北陂南植万牛。

千古翠壶山下路，两沟明月稻花秋。

木兰陂

〔宋〕朱德善

万顷狂澜越壑低，仁波千载犹滂沛。
二神共飨东西庙，中流砥柱卧龙栖。
雨过木兰瑶草长，一水平分南北溪。
秋深松柏翠云齐，到处春田足一犁。

眺木兰

〔明〕陈茂烈

莫怪藏珠肯剖身，古来好施几多人？
黄金浮世轻如羽，青史垂名胜似珍。
天上银河分一派，莆中粒食共千春。
庙前斜向东流水，烟火茫茫遍海滨。

钱李十四祖庙祀

〔明〕林　俊

素书珍重老人期，逢竹熙宁始此陂。
陆海桑麻潮落后，庙门香火诏开时。
岩廊近采台臣疏，俎豆初修长者祠。
祖泽一方延故武，木兰蜀堰两丰碑。

陪祭木兰舟中作

〔明〕林文俊

木兰几载负清游，此日欢乘谒庙舟。
溪海灌分双玉筋，乾坤沂合一金瓯。

论功可并垂千禩，从祀同宜到千秋。
圣主河渠原轸念，至今壁马不曾留。

吊钱女

〔明〕郑善夫

将军滩上隳长陂，万壑狂澜不可支！
沧海未消钱女恨，路人惟诵李侯碑。
秋深极浦生寒水，神圣灵风满素旗。
江汉汤汤吾力薄，祠前立马有遐思。

木兰陂（有序）

郭沫若

木兰陂乃十一世纪北宋工程，堵截木兰溪水，分东西二渠道，以灌溉南北洋田。水利无遗，海波不侵，人受其益，将及千年。初建者钱四娘，于将军崖下筑堤，被水冲决，四娘尽倾其家资，并投水而死。继建者林从世，筑堤于温泉口，费钱十万缗，亦归失败。再继者李宏，选择今址筑堤，地在将军崖与温泉口之间，并得僧智日之功，而底于成。一九六二年秋来游，见陂畔有钱妃庙及李长者祠，李祠中有林从世与僧智日从祀。成诗以纪之。

（一）

清清溪水木兰陂，千载流传颂美诗。
公而忘私谁创始，至今人道是钱妃。

（二）

双手捧钱仍十八，四娘惠德感人深。
拼将一死酬劳役，日月长悬照此心。

（三）

将军岩下温泉口，虽未擒龙德泽延。

继业林侯缊十万，换来智日号神仙。

（四）

由来祸福每相依，失败成功之所基。

毕竟人民最公道，林侯从祀李侯祠。

（五）

创业良艰继亦难，坚贞接踵战狂澜。

既收水利丰年乐，还树戡天世界观。

（六）

水别东西流不断，洋无南北利无遗。

海潮到此迟迴久，只好低头拜大堤。

第三节　治陂名人

在木兰陂建设发展的历史进程中，涌现出多位做出突出贡献、产生深远社会影响的著名治陂名人，他们的事迹和传说成为木兰陂水利文化的重要组成部分。

一、宋元时期

宋元时期的治陂名人有钱四娘、林从世、李宏、冯智日、潘畴、郭朵儿、张仲仪等几位。

（一）钱四娘

钱四娘（公元 1049—1067 年），福建长乐县人，祖籍浙江宁波，系五代吴越王钱镠之后。宋太平兴国三年（公元 978 年），钱氏家族归顺宋太宗。钱四娘之父钱之贵在福建做官,后死于任所。钱四娘和母亲扶柩回长乐,途经莆田,为给母亲治病,逗留莆田。她目睹莆田人民遭受水患痛苦,遂下决心兴修水利。

宋治平元年(公元 1064 年), 钱四娘携巨资来莆,将陂址选在华亭将军岩,开渠循鼓角山西南行,将以灌于平壤。治平四年(公元 1067)夏天,陂刚告竣,溪流暴涨而陂坏,四娘悲愤而投水自尽。洪水退后,人们在(今渠桥)沟口村找到四娘的遗体,把她葬在距沟口三里的山丘上,又在墓旁立祠"香山宫",专祀这位巾帼治水英雄。宣和年间(公元 1119—1125 年),里人又在"李长者庙"中附祀钱四娘。邑人尚书刘克庄撰写《协应钱夫人庙记》,景定二年(1261 年),诏封"惠烈协顺夫人"。

(二)林从世

林从世(生卒年不详),长乐县人,唐九牧之一循州刺史林蒙的后裔,乡贡进士。家饶资财,人号林十万。性好博济,常作漫游。宋治平年间(公元 1064—1067 年),至莆田,看到同邑人钱四娘筑陂失败的悲剧,发愿要继续她的未了志愿,把十万缗家资带来莆田,在钱陂下游的上杭温泉口(今城厢区霞林街道办木兰村黄头)动工兴建。工程即将完成,被大潮所吞没,筑陂第二次失败。他在筑陂期间,把家眷带来,定居瑶台(今黄石镇瑶台村)。

(三)李宏

李宏(公元 1042—1083 年),侯官(今福州市)人,时称"长者"。宋熙宁八年(公元 1075 年),李宏应诏来莆田,继续修筑木兰陂。他倾家资得七万缗,又在僧智日的帮助下,选址木兰山下。此处两岸夹峙,溪广流缓,适于建陂。先引溪水从他道入海,陂基掘地一丈,以横石固底,迭石为陂,伐石作柱,依柱作枋,共长三十五丈，深二丈五尺，分为三十二门。每门用板为闸，遇暴涨则减闸放水。陂于元丰五年（公元 1082 年）建成。至是，海潮始有所障。乃开沟大小百有余条以导，沟渠设有陡门、涵、泄，复废五塘为田，莆田南洋之田皆得以灌溉。百姓感怀他的功德，在木兰陂南岸立庙祀之。宣和年间（公元 1119—1125 年），太守詹时升署其庙曰"李长者庙"，邑人吏部尚书林大鼐撰《李长者传》，绍熙年（公元 1190—1194 年），诏赐"协应"庙额，邑人尚书刘克庄撰《协应李长者庙记》。景定二年（公元 1261 年），诏封"惠济侯"。元延祐年间（公元 1314—1320 年），总管张仲仪改原李长者庙东边"见思亭"作新庙，以祀长者。至正二十二年（公元 1362 年），左丞郑旻撰《协应庙记》。

（四）冯智日

冯智日和尚（生卒年不详），俗姓冯，北宋福州鼓山寺僧，有奇才，散世混俗，为李宏好友。李宏筑木兰陂，他积极支持，并在选址、设计、组织施工等方面发挥了极其重要的作用。建成的木兰陂，符合当代力学和水力学原理，深受国内外专家、学者好评。

（五）潘畤

潘畤，字德鄜，金华人。南宋乾道九年（公元 1173 年）知兴化军。在任期间重视兴修水利。淳熙元年（公元 1174 年）修木兰陂、陈坝陡门。淳熙二年（公元 1175 年）改洋城泄为陡门，溉田六百一十顷七亩，提举宋藻作记。尝修郡志，今失传。

（六）郭朵儿

郭朵儿，生卒年未详。元皇庆元年（公元 1312 年），出任兴化路总管。元延祐元年（公元 1314 年）北洋大旱，郭朵儿在木兰

陂北岸主持创建"万金陡门"，开沟通流，引木兰陂水北注，与延寿溪、萩芦溪之水合。延祐二年（公元1315年），在涵江新港置泄。同年工程刚展开不久，他因秩满离任，继任张仲仪毕其功，任上重建了金墩陡门。延祐四年（公元1317年），朵儿擢本路漕使，委周文郁、张果易新港水泄，创新港陡门，又派新场官高克明、赵荣祖、典史施杰续修未完工之堤岸和桥宇。邑人柯举为记。

（七）张仲仪

张仲仪，燕人，元延祐元年（公元1314年）为兴化路总管。延祐二年（公元1315年），续建万金陡门，开山浚河，引木兰溪水绕郡城之北。陂水北分，一使南北洋农田受益、舟楫交通便利；二有益于增强护城功能，金汝砺为记。又重建芦浦、陈坝二陡门。天历二年（公元1329年）张公以故庙祀钱妃，以见思亭为长者庙。至顺元年（公元1330年）扩建长者庙，邑人林定老撰《协应庙记》。

二、明清时期

明清时期对木兰陂做出突出贡献的历史人物主要有董彬、叶淑文、黄一道、吴逮、苏本洁、陈池养、孙尔准、江春霖、华实等。

（一）董彬

董彬（生卒年代不详），字文质，广平（今河北永年县）人。明永乐十一年（公元1413年）任兴化府通判。在任期间，木兰陂堤岸被毁，丧失蓄水功能，董彬亲自前往视察并主持修陂。决定涸海为堰，清基，再斫木为板，厚四寸，入于坐中，然后以石压板，钩锁结砌，压以巨石。并把每门闸板易板以石，其高低以一定水则为准，旱涝潴泄、自然控制陂北岸易崩，他又布杙为址，积叠以石修筑之，里之长者朱季和董其役。邑人教谕林圭为记。同时主持重修使华陂，改称"永利陂"，溉田二千余顷。

（二）叶淑文

叶淑文（生卒年代不详），浙江湖州人。明宣德年间（公元1426—1435年）任莆田县丞。在任期间，木兰陂被毁，叶叔文经过实地勘察后认为，前任董彬以势附板易坏，遂筑上下堰，涸溪海二流，剔木板植松木椿以加固陂址，然后布石于其上，牢不可动。凡三十二门，每门用旧法伐石为楗，柱上压以巨石，邑人黎恬与陈道潜分别为记。又浚南北洋大小沟数十条，修涵江慈寿陡门、永丰、洋城、林墩、芦浦、东山陡门。

（三）黄一道

黄一道，字惟夫，号月溪，广东揭阳县蓝田人。明嘉靖十三年（公元1534年）以户部主事知兴化府。在任期间，主持修复宁海桥、重修镇海堤等。洪武二十年（公元1387年），江夏侯周德兴拆除镇海堤堤石，移建平海卫与莆禧所二城。此后146年中，因镇海外堤土堤单薄、内堤崩塌未修如故，以致海堤无法抗御狂涛巨浪的冲击，多次发生大面积溃决。海水甚至淹至壶公山山脚，农田受淹，三年绝收，百姓苦不堪言。黄一道通过调研，率众在土堤外筑"天地玄黄"四石矶。"外楗松木，实以乱石数百艘，以杀潮势"，再在上面"叠石傅堤"。工程未竟，却因朝廷"大礼仪"政治纷争而解官离任，同知谭铠终其役。民感一道大德，在东角建崇勋祠、遮浪建功德祠祀之，且立石树碑。用记其绩，邑人侍郎郑岳为记。

（四）吴迖

吴迖，字近光，江西新淦人。明嘉靖十六年（公元1537年）知兴化府。任上，主持对南北洋涵洞、陡门逐一勘察，并根据每一处涵洞、陡门所处实际情况决定去留，同时立水则，严禁私自放泄。著《水利碑文》，邑人御史马明衡著《南洋水利碑》、邑人御史朱澍著《与吴（遴）太守论莆田南洋水利书》。

（五）苏本洁

苏本洁，常熟人。清雍正九年（公元1731年）由举人知兴化府。雍正九年（公元1731年）、雍正十年（公元1732年）大水，使华陂毁，动官帑修建，木兰陂毁、延寿八字陂也冲毁，用罚款所得修木兰陂。雍正十三年（公元1735年），遵旨扩行劝垦，捐俸砌筑南洋堤岸，开垦田七百余亩。共计筑外堤高九尺，底阔五尺，面阔三尺，长一千一百丈；内堤高一丈，底阔二丈，面阔一丈，长一千一百丈。又重修东西两石涵以资储泄，历时三年竣工。雍正十三年（公元1735年），修埕口海堤，次年告竣。雍正七年（公元1729年），芦浦陡门坏，莆田知县汪郊重修，至乾隆元年（公元1736年），工犹未竟，苏知府终其役，邑人太仆卿林源为记。

（六）陈池养

陈池养（公元1788—1859年），字子龙，号春溟，晚年自号莆阳逸叟，莆田城内后塘人。清嘉庆十四年（公元1809年）进士，累官知州。嘉庆二十五年（公元1820年），丁父忧，卸任。道光元年（公元1821年）归里，致力于教育与水利事业。道光二年（公元1822年），修太平陂石圳，知府徐鉴为记。道光三年（公元1823年），修南安陂，建渔沧溪兴文桥。道光四年（公元1824年），筑航头堤。道光五年（公元1825年），修木兰陂，疏浚南洋上、中、下三段沟渠，修洋城、林墩、东山三陡门。道光七年（公元1827年），在宝胜溪筑三道拦女堰，撰《东角、遮浪创建镇海堤文橄》，筑东角、遮浪海堤，设东西石涵以泄埭水，内筑土堤捍水，外堤基叠乱石拒海潮，次年堤成。道光九年（公元 1829 年），填洋城陡门矶，设南洋涵，开木兰陂分流大沟、使华陂径流大沟、环城壕沟和涵江沟。道光十二年（公元 1832 年），增筑延寿石堤。道光十三年（公元 1833 年），筑新浦海涵和下江头、余埭、西利、桥兜堤。道光十九年（公元 1839 年），疏浚宝胜沙石。道光二十二年（公元 1842 年），截沙陡门。道光二十四年（公元 1844 年），建拱宸门和头亭、二亭、三亭各桥，置下江头陈埭通水石涵，筑草庵边沿沟石堤。道光二十五年（公元 1845 年），修使华陂北圳及企溪陡门。道光二十六年（公元 1846 年），修木兰陂石龟，疏浚宝胜溪冲壅沙石，增筑临沟短堤，修筑东角、遮浪附石土堤。道光二十七年（公元 1847 年），改建慈圣门木涵，砌赡斋埭石涵、东角第三洋石涵、延寿桥下直堤和横堤。道光二十九年（公元 1849 年），修葺东角石堤、土堤，并增筑土堤。咸丰三年（公元 1853 年），横山堤岸决。

陈池养是莆田著名水利专家，一生述作颇丰：参修《福建通志》，著有《莆阳水利志》《讲习管窥》《慎余书屋文集》《慎余书屋诗集》《毛诗择选》等。

（七）孙尔准

孙尔准（公元 1770—1832 年），字平叔，又字莱甫，江苏金匮（今江苏无锡）人。清嘉庆十年（公元 1805 年）进士。道光五年（公元 1825 年），以福建巡抚升授闽浙总督。见木兰陂坏，叹曰："南北二洋，溉田……为闽省第一水利。今半为斥卤，必复之，百世之利。"遂捐俸倡修，命兴化知府徐鉴、通判李嗣邺、莆田知县王廷葵会勘，捐金重修，委托邑绅陈池养董其事，巡抚韩克钧亦捐金襄举。道光六年（公元 1826 年）九月，先修陂岸，全易以石，启南岸刷沙陡门，出淤沙入海，复疏浚各沟，自横塘以上，水均畅流。

徐鉴作《募修木兰陂引》。十二月，孙尔准调民夫开荷包濑积沙。次年，筑宝胜溪石堰，运淤沙弃海。道光七年（公元1827年）七月，东角、遮浪堤坏，孙尔准上疏朝廷，请准重修镇海堤，下文两省官吏劝募，得银7万元，命邑绅陈池养筑石堤捍潮，令署福州府海防同知陆我嵩监筑。道光八年（公元1828年），堤竣工，孙尔准来莆视察，看到堤筑牢固说："此莆百世利也！吾无憾矣！"民享其利，里人立生祠于东角祀之。

（八）江春霖

江春霖（公元1855—1918年），字仲默，号杏林，晚号梅阳山人，清咸丰五年（公元1855年）出生于待贤里梅阳（今萩芦镇梅洋村）的一个书香门第。江春霖于光绪十七年（公元1891年）中举人，光绪二十年（公元1894年）成进士，改遮吉士、散馆、授翰林院检讨，历充武英殿纂修、国史馆协修、撰文处行走。光绪三十年（公元1904年），补江南道监察御史。不久，掌新疆道，历署辽、河南、四川等道监察御史。在御史台敢于弹劾陆宝忠、袁世凯等大臣和庆亲王奕劻，后辞官归里。宣统二年（公元1910年）春，江春霖回归故里，热心公益事业，先后主持修筑江口九里洋水渠、镇前海堤、哆头斗门、南埕海堤和林尾、唐安、深港、潭井、鸡笼山，半洋、陈墩、霞坂、双霞溪、萩芦溪等处桥梁。民国三年（公元1914年），涵"下孝义二十四乡"父老请江春霖主持兴修水利之事，他慨然允诺，亲到陈桥沟尾等村观察地势，认为筑堤障海，才能祛除水害。先后在西漳、吴桥、后亭、陈桥等要冲的沟渠筑堰，以堵上游之水，后才顺利修筑海堤。这四个堰中，陈桥堰工程最为艰巨，江春霖与同仁和民工一道，饱受风霜，全力以赴，经过二个月苦战，花费5000两银，堰得以筑成。梧塘沟尾堤（今涵江涵坝）也相继竣工，保障北洋 7 万亩农田收益。民国三年（公元1914 年）福建巡按使许世英因春霖修建莆田水利有功，请授以四等嘉禾勋章。这时他已留起头发作道士装，笑道："道人不需此也！"民国七年（公元 1918 年）病逝，终年 63 岁。

（九）华实

华实，字秋庄，英国苏格兰人，获剑桥大学硕士学位。清宣统元年（公元 1909 年）来莆，在兴化"圣教医院"任外科医生。宣统三年（公元 1911 年），继任院长。1919 年秋，飓风袭击莆田，东角堤、木兰陂首均遭到严重破坏。华实到处募捐，先主持修复东角堤，由丁福林督办监工，闵士训、陈德艺、陈宝书、陈炯卿协办，里人佥事朱献琦为记。又在莆田知事包伟提议下，用余款七千五百五十二角三占继续主持修复木兰陂首。修陂款不够，华实又四处募捐，得款三千七百二十八角五占，加上县拨银圆二百元，用以修建木兰陂北岸万金桥两旁八字，横、直堤近一百丈，南岸迴澜桥，陂龟堤外十余丈，及堰闸二十九孔，用灰浆勾缝。整个工程十月动工，吴鸿宾、关陈谟等任董事，十二月完工，邑人刑部主事关陈谟为记。余款一万二千七百五十角，拨给修理郊下石桥。1925 年华实回国。

参考文献

［1］司马迁. 史记［M］. 北京：中华书局，1959.

［2］房玄龄，等. 晋书［M］. 北京：中华书局，1974.

［3］沈约. 宋书［M］. 北京：中华书局，1974.

［4］魏徵，等. 隋书［M］. 北京：中华书局，1973.

［5］刘昫，等. 旧唐书［M］. 北京：中华书局，1975.

［6］欧阳修，宋祁. 新唐书［M］. 北京：中华书局，1975.

［7］脱脱，等. 宋史［M］. 北京：中华书局，1977.

［8］司马光. 资治通鉴［M］. 北京：中华书局，1956.

［9］蔡襄. 荔枝谱（外十四种）［M］. 福州：福建人民出版社，
　　2004.

［10］马端临. 文献通考［M］. 北京：中华书局，1986.

［11］宋濂，等. 元史［M］. 北京：中华书局，1976.

［12］梁克家. 三山志［M］. 福州市地方志编纂委员会，整理.
　　福州：海风出版社，2000.

［13］刘克庄. 后村先生大全集［M］. 王容贵，向以鲜，校点.
　　成都：四川大学出版社，2008.

［14］黄仲昭. 八闽通志［M］. 修订版. 福州：福建人民出版社，
　　2006.

［15］周瑛，黄仲昭. 重刊兴化府志［M］. 蔡金耀，点校. 福州：

福建人民出版社，2007.

［16］何乔远. 闽书［M］. 福州：福建人民出版社，1995.

［17］徐松. 宋会要辑稿［M］. 刘琳，等校点. 上海：上海古籍出版社，2014.

［18］顾炎武. 天下郡国利病书［M］. 黄坤，顾宏义，校点. 上海：上海古籍出版社，2012.

［19］周学曾，等. 晋江县志［M］. 福州：福建人民出版社，1990.

［20］陈梦雷. 古今图书集成［M］. 北京：中华书局，1934.

［21］屈大均. 广东新语［M］. 北京：中华书局，1997.

［22］二十五史刊行委员会. 二十五史补编［M］. 上海：开明书店，1937.

［23］林国梁. 福建兴化文献［M］. 台北市场莆仙同乡会出版，1978.

［24］莆田县地方志编纂委员会. 莆田县志［M］. 北京：中华书局，1994.

［25］福建省莆田市地方志编纂委员会. 莆田市志［M］. 北京：方志出版社，2001.

［26］朱维幹. 莆田县简志［M］. 莆田市荔城区地方志编纂委员会，整理. 北京：方志出版社，2005.

［27］朱维幹. 福建史稿［M］. 福州：福建人民出版社，1985.

［28］仙游县地方志编纂委员会. 仙游县志［M］. 北京：方志出版社，1995.

［29］陈池养. 莆田水利志［M］. 刻本. 哈佛燕京图书馆影印，1875（清光绪元年）.

［30］朱溍. 天马山房遗稿［M］. 钦定四库全书本.

［31］宫兆麟，廖必琦，等.（乾隆）兴化府莆田县志［M］. 莆田市荔城区地方志编纂委员会，点校. 北京：方志出版社，2017.

［32］林汀水. 福建历史经济地理论考［M］. 天津：天津古籍出版社，2015.

［33］莆田县木兰陂水利南北洋海堤管理处. 木兰陂水利志［M］. 北京：方志出版社，1997.

［34］莆田市水利志编写组. 莆田市水利电力志（初稿）［M］. 内部资料，2006.

［35］福建省卫生厅. 当代福建卫生（1949—1986）［M］. 福州：福建省卫生厅出版，1988.

［36］国家图书馆分馆. 中华山水志丛刊［M］. 北京：线装书局，2004.

［37］莆田市图书馆.（清代十四家本）木兰陂集［M］. 木兰溪建设管理委员会，译.

［38］韩渥，吴汝纶. 吴评韩翰林集［M］//关中丛书：第5集，陕西通志馆铅印本，1936.

［39］徐文范. 东晋南北朝舆地表［M］//二十五史刊行委员会. 二十五史补编：第5册. 上海：开明书店，1937.

［40］陈寿祺，等. 重纂福建通志［M］//上海书店，巴蜀书社，江苏古籍出版社. 福建府县志辑：第5册. 上海：上海书店出版社，2012.

［41］李厚基，等. 民国福建通志［M］//上海书店，巴蜀书社，江苏古籍出版社. 福建府县志辑：第10册，上海：上海书

店出版社，2012.

［42］石有纪，张琴. 民国莆田县志［M］// 上海书店，巴蜀书社，
江苏古籍出版社. 福建府县志辑：第 16—17 册. 上海：上
海书店出版社，2012.

［43］林汀水. 再谈两汉未置冶与东冶二县［J］. 历史地理，
2014（01）：119–122.

［44］徐晓望. 论隋唐五代福建的开发及其文化特征的形成［J］.
东南学术，2003（05）：133–141.

［45］郭铿若. 福建莆田木兰陂［J］. 水利月刊，1936，11（01）：
20–25.

［46］陈春阳. 钱四娘信俗及其对莆仙文化影响研究［J］. 莆田
学院学报，2018，25(03)：32–38.

［47］何彦超. 木兰陂与宋清时期区域水利社会研究［D］. 南京
农业大学硕士学位论文，2015.

［48］中国水利水电科学研究院水利史研究所. 福建莆田木兰陂
世界灌溉工程遗产申报书［R］. 2014.

［49］中国城市规划设计研究院. 莆田市历史文化名城保护规划
［R］.2018.

［50］中国城市规划设计研究院. 莆田市城市总体规划（2008—
2030 年）［R］. 2009.

［51］中国水利水电科学研究院水利史研究所. 莆田市区域水利
史暨水文化研究报告［R］. 2020.

［52］中国水利水电科学研究院. 莆田市水资源合理配置规划总
报告［R］. 2016.

图书在版编目（CIP）数据

砥柱卧龙栖　斥卤成良田：木兰陂 /
李云鹏编著 . -- 武汉：长江出版社，2024.7
　（世界灌溉工程遗产研究丛书 / 谭徐明总主编 . 中国卷）
　ISBN 978-7-5492-8792-5

　Ⅰ . ①砥… Ⅱ . ①李… Ⅲ . ①灌溉工程－研究－莆田
－北宋 Ⅳ . ① S277

中国国家版本馆 CIP 数据核字（2023）第 054256 号

砥柱卧龙栖　斥卤成良田：木兰陂
DIZHUWOLONGQI CHILUCHENGLIANGTIAN：MULANBEI
李云鹏　编著

出版策划：赵冕　张琼
责任编辑：张艳艳　王重阳
装帧设计：汪雪　彭微
出版发行：长江出版社
地　　址：武汉市江岸区解放大道 1863 号
邮　　编：430010
网　　址：https://www.cjpress.cn
电　　话：027-82926557（总编室）
　　　　　027-82926806（市场营销部）
经　　销：各地新华书店
印　　刷：湖北金港彩印有限公司
规　　格：787mm×1092mm
开　　本：16
印　　张：10.5
彩　　页：4
字　　数：119 千字
版　　次：2024 年 7 月第 1 版
印　　次：2024 年 7 月第 1 次
书　　号：ISBN 978-7-5492-8792-5
定　　价：68.00 元